学生最喜爱的科普书
XUESHENGZUIXIAIDEKEPUSHU

认识我们身边的石油

★ ★ ★ ★ ★

王 宇◎编著

在未知领域 我们努力探索
在已知领域 我们重新发现

延边大学出版社

图书在版编目（CIP）数据

认识我们身边的石油 / 王宇编著 .—延吉：
延边大学出版社，2012.4（2021.1 重印）
ISBN 978-7-5634-4625-4

Ⅰ . ①认… Ⅱ . ①王… Ⅲ . ①石油—青年读物
②石油—少年读物 Ⅳ . ① TE-49

中国版本图书馆 CIP 数据核字 (2012) 第 051735 号

认识我们身边的石油

———————————————————————————

编　　　著：王　宇
责 任 编 辑：林景浩
封 面 设 计：映象视觉
出 版 发 行：延边大学出版社
社　　　址：吉林省延吉市公园路 977 号　　邮编：133002
网　　　址：http://www.ydcbs.com　　E-mail：ydcbs@ydcbs.com
电　　　话：0433-2732435　　传真：0433-2732434
发行部电话：0433-2732442　　传真：0433-2733056
印　　　刷：唐山新苑印务有限公司
开　　　本：16K　690×960 毫米
印　　　张：10 印张
字　　　数：120 千字
版　　　次：2012 年 4 月第 1 版
印　　　次：2021 年 1 月第 3 次印刷
书　　　号：ISBN 978-7-5634-4625-4

———————————————————————————

定　　　价：29.80 元

在目前的社会中石油是经济发展的"血液"，是全世界各国能够发展强大的首要战略因素。尤其是在以全球化经济发展的时代，目前谁掌握石油多，谁就是世界的主宰者。谁就能控制对手！对 21 世纪的人类来说，石油促使了资本主义与现代工业的真正发达；石油造成了世界强权与地缘政治的错综纠结；石油，也把人类转化为碳氢化合物的组合。

当今的社会已经把"石油"与"战略"联在一起发展。越来越在全球范围内被人们广泛使用并得到社会各界的高度认同。石油作为"黑色的金子"和工业的"血液"，不仅促进了现代工业快速发展，成为推动经济社会发展的重要动力，而且与汽车、电子、纺织、建筑、化工、农业和高科技产业发展密切相关，7 万多种石油石化产品渗透到商品生产和人们衣食住行的各个方面，直接影响着经济社会发展水平和人民生活质量，同时还与国家实力、国家安全、国际政治、军事与外交等融为一体，成为国际合作与博弈的重要筹码。石油战略的特殊地位决定了其必然上升到国家战略层面，成为世界各国政府、石油公司和普通百姓关注的焦点问题和热点问题。多年来，无论是发达国家还是发展中国家，无论是石油资源国、生产国还是消费国，无论是国际石油公司还是国家石油公司，都高度重视石油战略问题，纷纷制定和实施了一系列石油战略及发展策略，以保障国家能源安全、经济可持续发展和社会的和谐进步。

由于石油资源的稀缺性和不可再生性，随着世界经济的持续发展和新兴经济体工业化进程的加快，石油供给相对有限性和石油需求相对无限性的矛盾越来越突出，成为制约经济社会发展的重要"瓶颈"和世界各国争夺的焦点，导致围绕石油的明争暗斗甚至战争和冲突此起彼伏。但自2007年下半年美国爆发次贷危机并逐步演化为全球金融危机和经济危机以来，由于全球经济增速明显下降，石油需求逐步减少，供需紧张的状况有所缓解，世人将目光和精力更多集中于如何应对和化解全球经济危机上，对石油战略的关注度有所疏淡，多年紧绷的神经也有所放松。从根本意义上来讲，国家是石油的主体，企业是石油战略的载体，当然百姓就是石油战略利益的收取方。

目录
CONTENTS

第❶章
来自大自然的石油基地

第❷章
石油是黑色的金子

第❸章
石油是工业的"血液"

第❹章

石油与我们的生活息息相关

第❺章

石油未来的畅想

来自大自然的石油基地

第一章

LAIZIDAZIRANDESHIYOUJIDI

自盘古开天辟地以来，创造了大自然，更创造了美丽世界。当然人类能够生活在这个世界上，更多的是利用大自然带来的资产。石油就是大自然送给人类最美好的礼物，同样也是人类攀上高峰的保障。本章就为你讲述什么是石油，石油的来源，以及石油的重要性等等，让你能够更好的了解大自然带来的美好。

认识我们身边的石油

什么是石油

Shen Me Shi Shi You

你知道什么是石油吗？其实石油也被称为原油，是一种粘稠的、深褐色的液体。在地壳上层部分地区人们发现了石油的储存。石油的性质不定，石油的性质根据产地而异，密度为 0.8～1.0 克/厘米，但是石油的黏度范围却比较宽，凝固点差别很大（30℃～60℃），沸点范围通常为常温到 500℃以上，并且能够溶于多种有机溶剂中，石油不溶于水，但是可以与水形成乳状液。而石油的成分和外貌也是根据地区的区分来定夺的。石油最主要被用于燃油和汽油，但是相比之下燃料油和汽油是目前世界上最主要的能源之一。并且石油也是众多化学工业产品的重要原料。就像溶剂、化肥、杀虫剂和塑料等。而今天 88％开采的石油都被用作燃料，其他的 12％作为化工业的原料。因为目前石油是一种不可再生的能源，所以更多的人担心当石油枯竭的时候会带来怎样的后果。

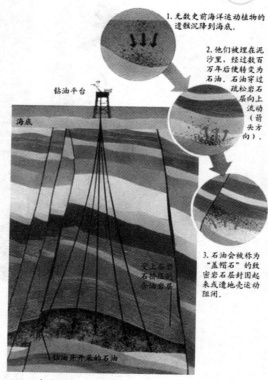

1、无数史前海洋运动植物的遗骸沉降到海底。

2、他们被埋在泥沙里，经过数百万年后便转变为石油。石油穿过疏松岩石层向上流动（箭头方向）。

3、石油会被称为"盖帽石"的致密岩石层封围起来或被地壳运动阻闭。

钻油平台

海底

受上层节石拆压制含油容层

钻油井开采出来的石油

※ 石油的产生示意图

石油从寻找到石油被利用，可以分为四个主要的环节，从寻找、开采、输送和加工这四个阶段，而这四个环节一般又被称为"石油勘探"、"油田开发"、"油气集输"和"石油炼制"。那么我们就从这四个环节来追溯一下石油工业的发展历史。"石油勘探"的方法有多种，但是想要探知地下是否有石油存在，最终要靠钻井来证实。一个国家在钻井技术上的进步程度，通常会反映这个国家石油工业发展的状况，所以，有的国家竞相宣布本国钻了世界上第一口油井，这样就表示他们在石油工业

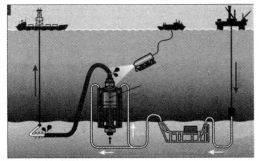

※ 石油的开采过程

发展上迈出了最先的优势步伐。油田开发指的是用钻井的办法来证实油气的分布范围，并且油井可以投入生产从而可以形成一定的生产规模。

海域勘探石上说，在 1821 年的时候四川富顺县自流井气田的开发是世界上最早的天然气田。而"油气集输"的技术也开始随着油气的开发应运而逐渐地兴起，公元 1875 年左右，自流井气田就采用当地盛产的竹子来作为原材料，并且去节打通，而且外用麻布缠绕涂上桐油，最后连接成和我们现在称呼的"输气管道"，总长度为 100 多千米，而在当时的自流井地区，绵延交织的管线翻越丘陵，穿过沟涧，逐渐形成了输气的网络，从而使天然气的应用从井的附近逐渐延伸到远距离的盐灶，以此推动了气田的开发，并且使当地的天然气达到了高峰时期。

▶ 知 识 窗

关于"石油炼制"的讲述，相比其他来讲起始的年代还要更早一些，在北魏的时候所著的《水经注》，成书年代大约为公元 512～518 年，并且书中介绍了从石油中怎样提炼润滑油的一些基本情况。英国科学家约瑟在讨论有关论文中指出："在公元 10 世纪，我国就已经有石油而且大量使用。由此可见，在这之前中国人就对石油进行蒸馏加工了"。这也就说明了早在公元 6 世纪的时候我国就知道石油的炼制工艺。

石油以液体的形式存在，是一种以碳氢化合物为主要成分的矿产品。原始油是从地下采出的石油，或者称为天然石油。还有一些人造石油，一些人造石油是从煤或者是油页岩中提炼出的液态碳氢化合物。而组成原油的主要元素是碳、氢、硫、氮、氧具有不同结构的碳氢化合物的混合物为主要成分的一种褐色、暗绿色或者是黑色液体。而位居世界石油的是伊拉克共和国。但是中国人发现并且使用石油的时间则更为早些。最早是什么时候，经过考证，早在 3000 年前就已经开始了。而今天的石油地质学家

使用重力仪、磁力仪等仪器来寻找新的石油储藏地方。一些地表附近的石油可以使用露天开采的方式来进行开采，不过今天除少数非常偏远地区的矿藏外这样的石油储藏已经基本上全部消耗完了。

你知道什么是露天油矿吗？在加拿大艾伯塔的阿萨巴斯卡油砂还有所说的露天石油矿。在石油开采初期的极少地方也曾经有过打矿井并且进行地下开采的一些矿场，但是那些埋藏比较深的油田就需要使用钻才能够进行开

※ 加拿大露天石油矿

采。海底下面的油矿需要使用石油平台来钻和开采的技术。为了可以使钻头钻下来的碎屑以及润滑和冷却液能够运出钻孔，钻柱和钻头是中空的。就在钻井的时候使用钻柱就越来越长，钻柱可以使用螺旋连接在一起。钻柱的端头是钻头。在今天大多数使用的的钻头是由三个互相之间成直角的、带齿的钻盘组成的。为了能够钻坚硬的岩石钻头上都配有金刚石，不过有些钻头的形状也有所不同。一般的钻头和钻柱由地上的驱动机构来旋转，当然钻头的直径要比钻柱要大的多些，这样钻柱的周围就会形成一个空洞，在钻头的后面使用钢管以此来防止钻孔的壁塌落，钻井液由中空的钻柱就被高压送到了钻头。钻井泥浆则被这个高压通过钻孔送回了地面。钻井的溶液必须具有高密度和高黏度。有些钻头要使用钻井液来进行驱动钻头，为什么呢？其优点就是只有勘探石油钻头，而没有不要使用整个钻柱被旋转。为了能够操作的时间更长些钻柱在钻孔的上方一般都会建立一个钻井架。在一定必要的情况下，工程师也可以使用定向钻井的技术来绕弯的钻井。这样就可以绕过被居住的、地质上复杂的、受保护的或者被军事使用的地面来从侧面开采一个油田。在地壳的深处石油会受到上面底层以及可能伴随出现的天然气的挤压，它又比周围的水和岩石相对轻些，因此在钻头接触含油层的时候它往往会被压力挤压从而喷射出来。为了防止这个喷射，现代的钻机在钻柱的上方都有一个特殊的装置来防止喷井，一般情况来讲刚刚开采的油田的油压足够高就可以自己喷射到地面上。随着石油被开采，其油压也在不断的降低，在后来的时候就需要使用一个从地面通过钻柱驱动的泵来进行抽油。通过向油井内压水或者天然气可以提高

认识我们身边的石油

开采的油量。通过压入酸来溶解部分岩石（比如碳酸盐）也可以提高含油层岩石的渗透性。随着开采时间的延长抽上来的液体中水的成分也会越变越大，后来水的成分就大于油的成分，今天有些矿井中水的成分占90%以上。通过上述手段、按照当地的情况不同的油田中20%～50%的含油都可以进行开采。剩下的油田无法从含油的岩石中进行分解。其实可以通过以下的手段来提高能够被开采的石油的储量。

（1）通过压入沸水或者是高温水蒸气，甚至是通过燃烧部分地下的石油来进行；

（2）压入氮气；

（3）压入二氧化碳以此来降低石油的黏度；

（4）压入轻汽油来降低石油的黏度；

（5）压入可以将油从岩石中进行分解的有机物的水溶液；

（6）压入改善油与水之间的表面张力的物质（清洁剂）的水溶液来使油从岩石中分解出来。

以上的手段也可以结合的利用。虽然有些或许会有相当大量的油无法被开采出来。并且水下油田的开采也比较的困难。要开采水下的油田要使用浮动的石油平台。在这里定向钻井的技术使用就相对的多些，但是使用这个技术可以扩大开采的平台和开采的面积。

◎开采特点

上面所讲的开采技术与一般的固体矿藏相比较，有三个显著的特点：①开采的对象在整个开采的过程中不断地流动，所以油藏情况也在不断地变化，一切措施必须针对这种情况才能够进行，所以，油气田开采的整个过程是一个不断了解、不断改进的过程。②开采者在一般情况下不能够与矿体进行直接的接触，油气的开采，对油气藏中情况的了解以及对油气藏施加影响进行各种措施，都要通过专门的测井来进行。③油气藏的某些特点必须在生产的过程中，甚至必须是在井数较多之后才能够进行确认，因此，在一段时间内勘探和开采阶段常常会互相的交织在一起。想要开发好的油气藏，必须对它进行全面的了解，要钻一定数量的探边井，配合地球物理勘探资料才能够确定油气藏的各种边界（油水边界、油气边界、分割断层、尖灭线等）；要钻一定数量的评价井就要对油气层的性质（一般都要取岩心）进行了解，包括油气层厚度之间变化，储层物理的性质，油藏流体以及性质，油藏的温度、压力的分布等一些特点，要进行综合的研究，这样以得出对油气藏比较全面的认识。在油气藏研究中不能只研究油

认识我们身边的石油

气藏的本身，还要研究与之相邻的含水层以及二者的连通关系。在开采过程中还需要通过生产井、注入井和观察井对油气藏进行开采、观察和控制。

油、气的流动有三个互相联接的过程：①油、气从油层中流入井底；②从井底上升到井口；③从井口流入集油站，经过分离脱水处理后，流入输油气总站，转输出矿区。

◎开采技术

探测井的工程在井筒中应该用地球物理的方法，把钻过的岩层和油气藏中的原始状况和发生的变化的信息，特别是油、气、水在油藏中分布情况以及变化的过程信息，通过电缆传到地面来，根据综合的判断，以此来确定应该采取的技术措施。要知道钻井工程是一项十分重要的过程，钻井工程在油气田开发之中，有着十分重要的地位。想要建设

※ 开采技术

一个油气田，钻井工程往往就要占总投资的50％以上。在一个油气田开发的过程中，往往要打几百口甚至几千口或者是更多的井。相对于开采技术、观察和控制等不同目的的井（如生产井、注入井、观察井以及专为检查水洗油效果的检查井等）在技术方面也会有所不同。应该保证钻出的井对油气层的污染降低到最低，固定井质量比较高，能经受住开采几十年中的各种井下作业的影响。改进钻井技术和管理，以便于提高钻井各方面的速度，是能够降低钻井成本最关键的方法（见钻井方法、钻井工艺、完井）。采油工程是把油、气在油井之中从井底举到井口的整个过程的一种工艺技术，油气的上升也可以依靠地层的能量自动进行喷射，也可以依靠抽油泵、气举等依靠人工增补的能量举出来。不管是哪一种，各种有效的修井措施，能够排除油井中经常出现的结蜡、出水、出砂等一些故障，以确保油井能够正常的生产。水力压裂或者酸化等增产一定的措施，能够提

高因油层渗透率太低，或者是因为钻井技术措施不当造成污染、损害油气层而降低的产能影响。对注入井来说，则是提高注入能力。油气集输工程是在油田上建设完整的油气收集、分离、处理、计量和储存、输送的工艺技术。这样能够使井中采出的油、气、水等混合流体，在矿场就可以进行分离和初步的处理，从而可以获得更多的油、气的产品。可以用水来回的注或者是加以利用，这样即可以防止对环境的污染，也减少一些不必要的损耗。

◎产油方法

在当今世界上，谁拥有石油比较的丰富，谁就是世界的主宰者。目前随着石油的价格的不断攀升，其他生产油的技术也变得越来越重要，在这些技术中最重要的是从焦油砂和油母页岩中提取石油。虽然在地球上已经有不少这些矿物，但是要廉价地和尽量不破坏环境地从这些矿物中进行提取石油依然是一个面临挑战的问题。另一个技术是将天然气或者煤转化为油（这里指的是石油中含有的不同的碳氢化合物）。在这些技术中研究得最透彻的是费·托工艺，这个技术是第二次世界大战中纳粹德国为了想要对德国补偿，进口石油被切断而研究出来的，那个时候的德国使用国产的煤来代替石油的供应。在二战时期德国大部分使用的油是从这个工业中生产出来的，但是这个工艺的成本相对比较高。在油价低的情况下它无法与石油进行竞争，只有在油价高的情况下才能够和它进行有力的竞争。通过多重工艺的过程这种技术可以将高烟煤转换为一种合成油来进行使用，在理想状态之下从一吨煤中可以提炼200升原油和众多副产品。目前有两个公司出售这样工艺技术，马来西亚民都鲁的壳牌公司使用天然气来作为原料生产低硫柴油燃料，南非的沙索公司使用煤作为原料来生产不同的合成油产品。今天在南非大多数的柴油就是使用这种技术来生产的，当时南非发展了这个技术来克服了它因为种族之间的隔离而受到制裁所导致的能源紧缺的问题。近年来对柴油机的环保要求提高使得对低硫柴油的需求量逐渐的加大，因此这个工艺又获得重视。另一个将煤转化为原油的技术是在1930年的时候在美国发明的卡里克工艺，最新类似的技术是热解聚，从理论上来讲就是使用这个工艺将有机的废物来转化为原油的技术。

◎石油不稳定的价格

在一般情况下可能提到油价可以分为三种不同的价格，要么它指的是现货的价格，要么就是指纽约商品交易所上在俄克拉荷马州库欣的供货价格，也或者是指国际石油交易所上的萨洛姆供货的价格。不同石油可以根

认识我们身边的石油

据其比重、含硫量和产地的价格也会有所不同。大多数石油不是在市场上买卖的，一般是在柜台买卖的基础上进行交易的，其中价格一般是参考一个定价机构如普氏公司给出的价格。国际石油交易所称65％交易的石油价格低于该交易所提供的北海布伦特原油标价，但是也有很多人对石油的价格有所指责，指责石油输出国组织控制油价，他们指出石油开采的实际价值只在每桶两美元左右，但是出售的石油价格却是惊人。石油输出国组织则反驳说首先开采石油并不仅仅是开采，而且此前的勘探、钻井等的价值也必须包括进去。除此之外不能只用最低的开采价值作为标准的价格。许多地方都开采价值高于以上所述的每桶两美元，而且由于石油输出国组织通过控制开采量控制油价保持在一定的程度上使得一些油田（例如北海的油田）更得以进行开采，除此之外石油输出国组织的能力往往被错误的进行高估。在1990年的时候由于油价比较低就使得在石油工业的投资上非常的低，尤其是目前勘探新的油田的价格也是非常的高，这就导致了21世纪初油价开始飞涨的时候石油输出国组织没有任何扩大开采量的余地来保持油价的稳定。油价与全球宏观经济状态也是息息相关的，因此当今的油价也是一个十分关键的价格。一些经济学家就称高油价对全球经济增长也有一定负面的影响。虽然高油价一般被认为是经济增长所导致的，但是这也就说明了两者之间的关系非常不稳定。

◎石油的理论

当今的石油地质学也是随着人类对石油的勘测活动延伸的一门有趣的学科，石油地质学既是人类在勘探活动中对石油形成和分布规律认识的一个总结，又是指导人类油气勘探活动的一种理论性的武器。相关边缘学科（从大的概念上讲亦属于石油地质的范畴）的发展极大的促进了石油地质学的发展时期，并且提高了油气勘探的基本效率。第一，板块构造学的应用，板块构造学说的诞生，就被誉为"地质学上的革命"，并且它改变了人们对于全球构造的认识，同时也给石油地质学带来了新的活力，它以一种崭新的面貌探讨了含油气盆地发生和发展的地球动力学背景，并且以一种新的观点综合解释油气在全球分布的富集规律，逐渐扩大了石油勘探领域和人们找石油的思路。第二，层序地层学的发展与应用层序，地层学是在油气勘探活动中发展起来的一门新兴的学科，同样也是在沉积学、地层学和地震勘探技术不断发展和资料积累的基础上逐渐发展起来的。层序地层学是一种划分、对比和分析沉积岩层的新理论和一种新的方法。第三，盆地构造进行研究的进展：①盆地的动力学分类：张（伸展）、压

（压缩）、扭（走滑）。②构造样式概念的提出：一定构造环境和条件下的构造变形的基本特征和组合特征、剖面形态、排列方式等构造地质模型。盆地变形的特点、构造变形规律进行早期的预测。③反转构造：指一个张性或张扭性盆地在后期经受了压和压扭性应力作用，盆地由拉张下沉到挤压上隆，断裂由正断向逆断转变，在剖面上形成下凹上隆、下正上逆的构造格局，后期的反转往往是油气构造圈闭的最后定型期，和油气的生、运聚有密切的匹配关系。第四，储层评价技术的进展储层评价技术的进展包括储层沉积学、储层成岩作用和储层地球化学方面的进展石油地质学本身研究的课题不外乎两大问题即成烃和成藏，这是石油地质学中永恒不变的主题。

在 20 世纪 90 年代以来的主要进展：（1）成烃理论始于 60～80 年代初：干酪根生油理论始于 80～90 年代：未熟低熟油理论，煤成烃理论是我国学者，特别是地球化学在成烃理论方面对石油地质学的突出贡献，它开辟了我国油气勘探的新领域。（2）成藏理论对成藏动力学因素的重视，从温、压等动力的角度进行研究油气的成藏过程，并且将油气生成、运移、聚集作为一个统一的整体：流体封存箱理论、成藏动力学呼之欲出。（3）石油地质综合研究思想与方法进展从定性到定量，从静态到动态，从局部到系统、盆地模拟技术以及含油气系统的思想和方法。石油和地震的形成：人们越来越需要能量，并且进行过量的石油开采，就造成了含油地区地下空间也变得越来越大，虽然经注水作业但是作用却是非常的小，如果含油区处于地震带的话，那么石油开采就会引起地震并且更为活跃，甚至可能会造成地震带的迁移，同样的震级，当经过开采之后含油地区地震的时候破坏力比其他地区破坏力就相对大的多。

▶ 知 识 窗 ◀

石油和环境的关系：石油和天然气为人类的发展和进步提供了了强大的能源带动力量，但是随着带来的环境污染大大超过了过去人类 5000 年污染的总和，并且造成了温室效应、气候异常等诸多的弊端，在以环境保护为前提的情况下，新型能源的开发已经迫在眉睫，各国政府、科学家都极力于新型能源的开发和利用，这其中最主要的就是可再生能源的开发，不仅能够减少污染也可以保护环境，并且维护我们赖以生存的地球，更是人类最应该重视的责任。

拓展思考

1. 石油对于人类的生活有哪些帮助？
2. 石油是如何形成的？
3. 为什么会产生那么多的石油？

石油分布在哪些地方

Shi You Fen Bu Zai Na Xie Di Fang

◎中南美洲

中南美洲是世界上比较重要的石油生产和出口地区之一，也是越南的海上石油钻井平台和岸上的油库之一，同时也是世界上原油储量和石油产量增长比较快的地区之一。委内瑞拉、巴西和厄瓜多尔等地都是该地区原油储量最丰富的国家。

▶知识窗

在 2006 年的时候，委内瑞拉原油探明储量为 109.6 亿吨，位居世界第七位。在 2006 年的时候，巴西原油探明储量为 16.1 亿吨，仅次于委内瑞拉。巴西东南部海域坎坡斯和桑托斯盆地的原油资源，是巴西原油储量最主要的核心部分。厄瓜多尔位于南美洲大陆西北部，是中南美洲第三大产油国，境内的石油资源非常的丰富，其最主要集中在东部亚马孙盆地，还有在瓜亚斯省西部半岛地区和瓜亚基尔湾中也有一些少量的油田分布。

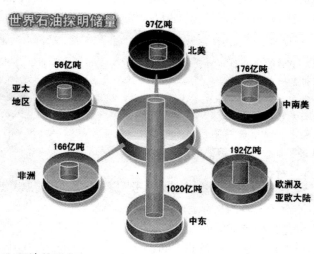

世界石油探明储量

97亿吨 北美

56亿吨 亚太地区

176亿吨 中南美

166亿吨 非洲

192亿吨 欧洲及亚欧大陆

1020亿吨 中东

※ 石油的分布

◎中东波斯湾沿岸

中东海湾是位于欧、亚、非三洲的枢纽位置，其原油资源最为丰富，并且被誉为"世界油库"。根据美国《油气杂志》早在2006年发表的数据显示，世界原油探明储量为1 804.9亿吨。而其中中东地区的原油探明储量就为1 012.7亿吨，大约占世界总储量的2/3。并且在世界上原油储量排名的世界石油储量比例图前十位中，中东国家占了五位，其次是沙特阿拉伯、伊朗、伊拉克、科威特和阿联酋。其中，沙特阿拉伯已探明的储量为355.9亿吨，居世界首位。伊拉克已探明的石油储量从先前的115.0亿吨升至143.1亿吨，目前位居全球总量的第二位。伊朗已经探明的原油储量为186.7亿吨，目前位居世界上第三位。

◎北美洲

世界上原油储存比较丰富的国家是北美洲的加拿大、美国和墨西哥。加拿大原油探明储量为245.5亿吨，位居世界上第二位。美国原油探明储量为29.8亿吨，其主要分布在墨西哥湾沿岸和加利福尼亚湾的沿岸，以得克萨斯州和俄克拉荷马州较著名，但是阿拉斯加州也是重要的石油产区。美国是世界第二大产油国，但是因为美国石油消耗量过大，每年仍需进口大量的石油。墨西哥原油探明储量为16.9亿吨，是西半球第三大传统原油战略储备国，同时也是世家第六大产油国。

◎亚太地区

亚太地区原油探明储量大约为45.7亿吨，同时也是目前世界上石油产量增长最快的地区之一。中国、印度、印度尼西亚和马来西亚是该地区原油探明储存量相对丰富的国家，分别为32亿吨、9亿吨、6.8亿吨和5亿吨。中国和印度虽然原油储存量比较的丰富，但是每年仍然需要大量的进

※ 石油探明

口。由于地理位置相对优越和经济的飞速发展，东南亚国家已经成为世界新兴的石油生产国家。印尼和马来西亚是该地区最重要的生产石油的国

家，越南也在 2006 年的时候取代文莱成为东南亚第三大石油生产国和出口国。印尼的苏门答腊岛和加里曼丹岛和马来西亚近海的马来盆地、沙捞越盆地、沙巴盆地是最主要的原油分布地区。

◎非洲

在最近的几年之中，非洲地区的原油储量和石油产量飞速地增长，并且被誉为"第二个海湾地区"。早在 2006 年的时候，非洲探明的原油总储量就为 156.2 亿吨，主要分布于西非几内亚湾地区和北非地区。根据专家的预测，非洲国家石油产量在世界石油总产量中的比例可能会上升到 20%。利比亚、尼日利亚、阿尔及利亚、安哥拉和苏丹排名非洲原油储量前五位。尼日利亚是非洲地区第一大产油国。目前，尼日利亚、利比亚、阿尔及利亚、安哥拉和埃及五个国家的石油产量占非洲总产量的 85%。

※ 石油开采

◎欧洲及欧亚大陆

欧洲以及欧亚大陆原油探明储量为 157.1 亿吨，大约占世界总储存量的 8%。其中，俄罗斯原油探明储量为 82.2 亿吨，目前是位居世界上第八位，但是俄罗斯是世界第一大产油国，早在 2006 年石油的产量就为 4.7 亿吨。中亚的哈萨克斯坦也是该地区原油储量比较丰富的国家，已知探明的储量为 41.1 亿吨。挪威、英国、丹麦是西欧已探明原油储量最丰富的三个国家，分别为 10.7 亿吨、5.3 亿吨和 1.7 亿吨，其中挪威是世界第十大产油国。

▶ 知识库

·石油起源命名的来源·

石油被称为是海上的钻油，其中最早开始钻油的是中国人，而最早的油井是 4 世纪。最初的时候中国人使用固定在竹竿一端的钻头钻井，其深度可达到 1000 多米。他们以焚烧石油来蒸发盐卤制取食盐。在 10 世纪的时候他们使用竹竿做的管道来连接油井和盐井。古代波斯的石板纪录似乎说明波斯上层社会使用石油来作为药物和照明器具。最早提出"石油"一词的是公元 977 年中国北宋编著的《太平广记》。而被正式命名为石油是根据中国北宋杰出的科学家沈括（1031—1095）在所著《梦溪笔谈》中根据这种油《生于水际砂石，与泉水相杂，惘惘而出》所以才命名的。石油还没有出现之前，国外则称石油为"魔鬼的汗珠"、"发光的水"等，中国称"石脂水"、"猛火油"、"石漆"等。在 8 世纪的时候新建的巴格达的街道上铺从当地附近的自然露天油矿获得的沥青。到 9 世纪的时候阿塞拜疆巴库的油田则是用来生产轻石油。到 10 世纪的时候地理学家阿布·哈桑·阿里·麦斯欧迪和 13 世纪马可·波罗曾经描述过巴库的油田，并且他们说这些油田每日可以开采数百船的石油。

◎石油的发展

石油的历史从 1846 年开始，那个时候生活在加拿大大西洋省区南海蕴藏丰富石油天然气资源的亚布拉罕·季斯纳就发明了怎样从煤中提取出煤油的方法。在 1852 年的时候波兰人依格纳茨·卢卡西维茨就发明了怎样使用才能够更容易的提取煤油的方法。到了第二年的时候波兰南部克洛斯诺在附近开辟了第一座现代的油矿。这些发明很快就在全世界开始普及并且开始展开使用。在 1861 年的时候巴库建立了世界上第一座炼油厂。当时巴库出产世界上 90％的石油。而世界上的伏尔加格勒战役就是为夺取巴库油田而展开的。19 世纪石油工业的发展开始变得缓慢，提炼的石油主要是用来作油灯的燃料。20 世纪初期的时候随着内燃机的发明情况开始骤变，到现在为止石油还是最重要的内燃机燃料。尤其在美国的得克萨斯州、俄克拉荷马州和加利福尼亚州的油田发现导致"淘金热"一般的形势。在 1910 年的时候加拿大（尤其是在艾伯塔）、荷属东印度、波斯、秘鲁、委内瑞拉和墨西哥发现了新的油田。并且这些油田全部都被工业化的进行开发。直到 1950 年代中为止，煤依然是世界上最重要的燃料，但是石油的消耗量也在迅速的增长。1973 年能源危机和 1979 年能源危机爆

认识我们身边的石油

※ 石油的发展

发后媒介开始注重对石油提供不同程度上的报道。这也使人们意识到石油也是一种有限的资源，到了最后还是会消耗尽。不过至今为止所有石油即将用尽的预言都没有实现，所以目前人们对于这个讨论也是不以为然，石油的未来还是一个未知数。早在 2004 的时候一份《今日美国》的新闻报道说地下的石油还能够供人们使用 40 年。有些人认为，因为石油的总量是有限的，因此 20 世纪

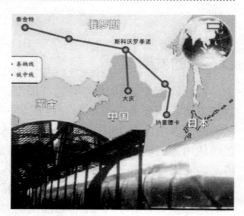

※ 石油的分布

70 年代预言的耗尽今越南的海上石油钻井平台和岸上的油库虽然没有发生，但是这也不过是迟缓而已。也有人认为随着技术的发展人类还是能够找到足够便宜的碳氢化合物能源的。并且地球上还有大量焦油砂、沥青和油母页岩等石油储藏，它们足以提供未来的石油来源。目前已经发现的加拿大的焦油砂和美国的油母页岩就含有相当于所有目前已知的油田的石油，今天 90％的运输能量是依靠石油来获得的。石油运输不仅方便，而

且能量密度也比较的高，因此是最重要的运输驱动能源。除此之外它也是许多工业化学产品的原料，因此它是目前世界上最重要的商品之一。在许多军事冲突（包括第二次世界大战和海湾战争）中，石油资源才是一个重要的因素。今天约80％可以开采的石油储藏位于中东，其中62.5％位于沙特阿拉伯（12.5％）、阿拉伯联合酋长国、伊拉克、卡塔尔和科威特。

◎石油的成分

你知道石油是什么颜色的吗？其实原油的颜色非常的丰富，有红、金黄、墨绿、黑、褐红、甚至有透明的颜色；原油的颜色是它本身所含胶质、沥青质的含量，当含量越高颜色就表示越深。原油的成分主要有：油质（这是其主要成分）、胶质（一种黏性的半固体物质）、沥青质（暗褐色或黑色脆性固体物质）、碳质（一种非碳氢化合物）。石油由碳氢化合物为主混合物而形成的，具有一种特殊气味的，是一种有色的可燃性油质液体。而我们所说的天然气是以气态的碳氢化合物混合而成的，具有特殊气味的、无色的比较容易点燃的混合气体。在整个石油系统之中分工也是比较详细：构成石油的化学物质，可以用蒸馏进行分解。原油可以作为加工的产品，有煤油、苯、汽油、石蜡、沥青等。更加严格的来讲，石油以氢与碳构成的烃类为一种主要的成分。分子量最小的四种烃，并且全部都是煤气。

▶知识窗

在我国四川的黄瓜山和华北大港油田有的井产无色石油，而克拉玛依的石油则呈现出褐甚至是黑色，大庆、胜利、玉门石油则基本上都为黑色。无色石油在美国加利福尼亚、原苏联巴库、罗马尼亚和印尼的苏门答腊基本上均有产出。这种无色石油的形成，也可能是在运移的过程中，带色的胶质和沥青质被岩石所吸附的关系。但是不同程度的深色石油占绝大多数，基本上遍布于世界各大含油气盆地。

▌拓展思考 ▎

1. 你知道石油之中的成分有哪些吗？
2. 石油的开采和火山爆发有关系吗？
3. 石油是恐龙时代的骸骨形成的吗？

为什么石油是现代社会最重要的原料

认识我们身边的石油

曾经人们说煤就像是霸王龙，那么在现在发展的今天，石油已取代煤成为人类最重要的一种能源。石油不仅仅成为汽车、飞机和农用机械的"工业血液"，也成为人类穿衣服、服用的一种药物、使用的计算机、牙刷、跑鞋以及购物袋等众多物品的工业原料。早在人类发明内燃机之前，人类就已经制造出了汽油。但是在很长一段时间内，汽油被认为是将原油冶炼成煤油之后，是一种无用的副产品。而石油和石油化工业之所以能够如此重要，获得如此广泛应用，是围绕其所进行的一系列创新的结果。在 19 世纪大部分时间以内，煤油是一种用来点灯用的燃料。当时的石油冶炼知识依赖一种简单的蒸馏过程，将石油中沸点不同的成分分离出来。因为煤油的沸点比较的高，所以就很容易同沸点较低的汽油以及其他杂质进行分离开来。煤油成为原油炼制的主要产品，而汽油和其他成分则往往被白白的烧掉，非常的浪费资源。到 20 世纪初的时候，经过研究人员发现，内燃机采用汽油这样的轻型燃料，可能会运转的更好些。但是如果采用蒸馏法，就能够从原油中提炼出 20％的汽油。尽管美国石油勘探人员在宾夕法尼亚州、印第安纳州、俄克拉何马州及得克萨斯州打出很多的油井，但是冶炼汽油的效率很低，在很大的一种程度上会阻碍汽车工业进行发展。

在美国"标准石油公司"的两名工程师，威廉姆·伯顿（公司副总裁）和罗伯特·哈姆福瑞斯（实验室主任）依次进行试验来解决提炼汽油低效率的问题。他们对以往的蒸馏法进行了改进，在其标准加热过程中增大的压力，将煤油"裂解"成汽油。这种"热裂解"工艺使汽油的冶炼效率也增加了一倍，出油率达到 40％。在 1913 年的时候，伯顿获得了有关这一工艺的专利。而美国生产的汽油从此也赶上了汽车需求的时代步伐。从此之后，其他化学工程师又开始进一步的改进了石油冶炼的工艺。查尔斯·凯特林等人发现，如果向汽油中加入铅的时候，可以提高其燃烧的效率，并且可以防止爆炸的现象发生。在 20 世纪 70 年代以前，铅就是汽油标准的添加物，因为后来提倡注意环保，所以才开发出了一种更有效的汽油燃烧技术，逐渐停止了在汽油中加入铅。而另外一项重大创新就是催化裂解。在 20 世纪 30 年代的时候，尤金·霍德赖完善了二氧化硅和铝催化剂工艺，就是仅仅通过裂解而不需要高压，就可以提高汽油出产率的工艺。霍德赖还发明了用原油生产丁二烯的催化工艺。在"二战"的前后，丁二烯就成为合成橡胶的关键原料之一。在战争期间，当天然橡胶供应被切断的时候，那么合成橡胶就成为一种重要的战略资源。丁二烯的生产成为石油化工技术的一个重要里程碑，为石油化工的进步迈出了关键的一步。

在"二战"的时候，对汽油和航空燃料的需求开始增加。一些化学工程师发现，那些从石油之中提炼出来的产物，很有可能会成为一种有实用价值的原材料。从 20 世纪 20 年代到 40 年代的时候，欧美的化学公司就对蒸馏煤焦油的副产品进行了大规模的研究，生产出了一种极其容易用模具压制的新型化合物——塑料。从此之后，工程师们就通过利用催化的作用，开始源源不断地开发出了成分更复杂的聚合物分子。在标准石油的冶炼过程中就会产生一种乙烯，而且工程师们会以这种乙烯为原料，又进行加工，最后合成出三种更重要的原材料：聚苯乙烯、聚氯乙烯和聚乙烯。目前，在市场上塑料产品和合成纤维产品到处都可以看见：就像梳子、刀叉餐具和 PVC 的管道、购物袋、储物器、化纤等应有尽有。并且，目前全球对石油以及石油之类的化工产品需求量也在日益地增加，石油公司也正在千方百计地寻找新的石油来源，包括在墨西哥湾和北海进行海洋进行石油开发。海洋钻井向石油工程师提出了一系列全新的挑战。他们要在茫茫大海中建造许多特殊的建筑物，包括建造可以耐飓风威力的浮动钻井平台。

在 1900 年的时候，全世界仅仅开采出 1.5 亿桶的原油。到 2000 年的时候，全世界每天出产 220 亿桶原油。对于原油的需求，又促使石油工程师们开始研发包括人造地震技术在内的各种找油的新技术，以此来避免可能出现打"干井"的问题。工程师们不仅仅开发出各种深钻的技术，而且可以打出几千米长的"水平"钻井，并且从而可以发现那些以前不可能找到的地下储藏的石油。而且石油研究人员也正在寻找将原油裂解成为更多、更好燃料的方法。当发现天然气是一种更有价值的能源之后，那么天然气其实已经逐渐的取代原油，目前成为一种最重要的石油化工原材料。

石油化工产品几乎能够用于所有工业部门中，这样就成为国民经济和工业现代化的重要物质基础，现代化的工业已经离不开石油，就像是人类没有血液无法生存一样。因此，石油被称为"工业的血液"。石油作为现代工业社会的重要原料。很多的方面都用于工具的运输使用石油驱动，还有石油还可以用来发电，也是化学工业一种最重要的原材料。因此它也被称为"黑色金子"。石油的用途这么的广泛，涉及国民经济、国防建设和人民生活的各个方面。无论工业、农业、交通运输业、建筑业和国防事业等现代社会的各行各业中，目前都离不开石油产品，石油已经成为工业的一部分，就像是人体的器官一样。

在石油之中可以生产出各种燃料并且广泛的应用于各种现代化的交通工具、农用机械、动力机械中，以及各种烧油电站、工业窑炉和民用燃气中。其中从石油中生产出来的各种润滑油，被广泛应用于各种机械、设备、仪表等的润滑，不仅可以减少机械之间的磨损，也大量节省动力的消耗，并且有利地保护机械不受腐蚀和锈蚀，从而延长设备的使用寿命。从石油中生产出的许多石油产品也是国防建设的重要军用物质，就像各种特殊的军用燃料和润滑油脂等。而从石油之中生产出的石蜡，也是国民经济和国防建设中必不可少的原料或者是重要的配套材料，广泛应用于工业、农业、军工和科研等各行业之中。我们铺路的时候使用的沥青也是从石油中生产出的，沥青被大量的用于公路、机场、码头等地面工程以及建筑工程和水利工程之中。

▶ 知 识 库

你知道什么是石油焦吗？石油焦的用途非常的广泛，也是从石油之中提炼出来的。石油焦除了作为高炉燃料用焦、金属铸造用焦之外，也是制造各种电极的原材料，有的石油焦还可以用于原子反应堆、宇宙飞行器等高科技领域之中。石油经过加工过程的一些中间产品，就像是石油气、馏分油等也可以用作石油化工的基本原料。除此之外，从石油中生产的各种溶剂油、防锈油、防冻液、凡士林和白油等产品，也被广泛地应用于金属加工、金属铸造、电子、电器、橡胶、塑料、油漆涂料、建筑材料、印刷油墨、麻纺、医药、油脂和化妆品等各个行业中，所以石油的用途非常的广泛，正所谓石油浑身都是宝。

拓展思考

1. 石油有什么害处呢？
2. 温室效应和石油有关系吗？
3. 人类首先发现石油是什么时候？

石

油是黑色的金子

SHIYOUSHIHEISEDEJINZI

我们知道石油对目前的社会而言，是非常稀缺的重要能源之一。企业的快速发展与石油紧密相连，人们都说石油是黑色的金子，谁拥有石油，谁就拥有巨额的财富。因为石油本身就是一笔巨大的财富，我们行驶车辆中所用的汽油、柴油就是石油提炼出来的，如果没有石油提供原料，那么车辆还能够行驶吗？本章就为你讲述石油的财富价值。

汽油是车辆行驶的能源

Qi You Shi Che Liang Xing Shi De Neng Yuan

你对汽车中加的汽油有所了解吗？汽油的外观为一种透明的液体，其主要成分为 C4～C12 脂肪烃和环烃类，并且含有少量的芳香烃和硫化物。按研究法辛烷值分为 90 号、93 号、97 号三个牌号，具有较高的辛烷值和优良的抗爆的性能，用于高压缩比的汽化器式汽油发动机上，以此

※ 汽油

可以提高发动机的功率，这样则可以减少燃料的消耗值，具有良好的蒸发性和燃烧性，能够保证发动机运转得更平稳；具有较好的安定性，在储运和使用的过程中不容易出现早期的氧化变质问题，对发动机部件以及储油容器也没有腐蚀性。

◎汽油的定义

目前世界中市场上所见到的 97 号、98 号汽油产品执行的产品标准都为企业的基本标准。与 GB17930-1999 标准所属的产品来相比的话，具有更高的辛烷值和优良的抗爆性能，用于高压缩比的汽化器式汽油发动机上面，可以提高发动机的基本功率问题，减少汽油的消耗量；汽油作为一种有机的溶液，还可以进行萃取剂的使用，目前作为萃取剂最为广泛的就是大豆油主流生产的基本技术：浸出油技术。浸出油技术操作的方法就是将大豆在 6 号轻汽油中浸泡之后然后在榨取油脂，最后经过一系列加工过之后就会形成大豆的食用油。

▶知识窗

·汽油的物化性质·

作为油品的一大类的汽油，是四碳甚至是十二碳复杂烃类的混合物质，虽然为淡黄色的易流动的液体，但是却非常地难溶解于水，容易进行点燃，馏程为 30℃～205℃，空气中的含量为 74～123 克/立方米时遇火爆炸，乙醇汽油含 10% 乙醇其余就为汽油。汽油的热值约为 44000 千焦/千克，燃料的热值为 1 千克燃料完全燃烧之后所产生的热量。汽油的密度因为季节气候的不同就会有所略微的变化，平均如下：90 号汽油的平均密度为 0.72 克/毫升；93 号汽油的密度为 0.725 克/毫升；97 号汽油的密度为 0.737 克/毫升。

◎汽油的分类和用途

一种用量比较大的轻质石油产品，是引擎的一种重要燃料。可以根据制造的过程分为直馏汽油、热裂化汽油、催化裂化汽油、重整汽油、焦化汽油、叠合汽油、加氢裂化汽油、裂解汽油和烷基化汽油、合成汽油等。也可以根据用途分为航空汽油、车用汽油、溶剂汽油三大类。其最主要的就是用作汽油机的燃料。并且非常广泛地应用于汽车、摩托车、快艇、直升机、农林业用飞机等方面。溶剂汽油则用于橡胶、油漆、油脂、香料等工业之中。不仅这样，汽油还可以溶解油污等水无法溶解的物质，起到一定清洁油污的作用。汽油作为一种有机的溶液，还可以作为萃取剂来进行使用，目前作为萃取剂最广泛的应用就是国内大豆油主流生产技术——浸出油技术。

◎汽油的蒸发性

为什么人们会说汽油有挥发性呢？那么挥发性究竟是什么呢？其实汽油的挥发性就是指汽油在汽化器中蒸发的难易程度。对发动机的起动、暖机、加速、气阻、燃料耗量等有一定的重要影响作用。汽油的蒸发性由馏程、蒸气压、气液比三个指标综合评定：①馏程指汽油馏分从初馏点到终馏点的温度范围。航空汽油的馏程范围相对要比车用汽油的馏程范围窄一些。

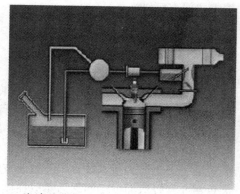

※ 汽油的蒸发

②蒸气压就是指在标准仪器中测定的 38℃蒸气压，是反映汽油在燃料系统中产生气阻的倾向和发动机起机难易的指标。车用的汽油要求有较高的蒸气压，航空汽油要求的蒸气压比车用汽油稍微低些。③气液比。指在标准仪器中，液体燃料在规定温度和大气压下，蒸汽体积与液体体积之比。气液比是温度的函数，用它评定、预测汽油气阻倾向，比用馏程、蒸气压更为可靠。

◎汽油的抗爆性

汽油的抗爆性其实就是指汽油在各种使用条件下抗爆震燃烧的能力。我们的车子用汽油的抗爆性用辛烷值来表示。辛烷值是这样来规定的：异辛烷的抗爆性相对要好些，辛烷值定为 100；正庚烷的抗爆性比较的差，定为零。汽油辛烷值的测定是以异辛

※ 汽油的抗爆性

烷和正庚烷为标准进行燃料，使其产生的爆震的强度与试样相同，在标准燃料之中异辛烷所占的体积百分数就是试样的辛烷值。相对的辛烷值比较高的话，那么抗爆性能就比较的好。汽油的等级是按辛烷值来进行划分的。高辛烷值汽油可以满足高压缩比汽油机的一些需要。汽油机压缩比较

认识我们身边的石油

高的时候，那么热效率才会高，这样可以节省一些燃料。其实汽油抗爆能力的大小与化学组成也有一定的关联。带支链的烷烃以及烯烃、芳烃通常也都具有一定的优良抗爆性能。提高汽油辛烷值主要靠增加高辛烷值汽油的成分，但是也可通过添加四乙基铅等抗爆剂来实现。汽油高而用低辛烷值汽油，这样就会引起不正常的燃烧，甚至会造成震爆、耗油以及行驶无力等种种现象。汽油标号的高低只是表示汽油辛烷值的大小，应该根据发动机压缩比的不同来选择不同标号的汽油。压缩比在 8.5～9.5 之间的中档轿车一般应该使用 93 号的汽油；压缩比大于 9.5 的轿车应该使用 97 号的汽油。目前国产轿车的压缩比一般都在 9 以上，最好使用 93 号或者是97 号的汽油。高压缩比的发动机如果选用低标号的汽油，就会使汽缸中的温度极具的上升，汽油燃烧不完全，机器发生强烈的震动，从而使输出的功率开始下降，造成机件的受损。

如果低压缩比的发动机用高标号油，就会出现"滞燃"的现象，就是压到了头它还不到自燃点，这样还会产生燃烧不完全的现象，并且这样对发动机也没有什么好处，甚至会给发动机造成破坏。当车辆越高档的时候那么对燃油的质量要求也会越来越高，例如 30 万元以上的中高档车，就只能够加 95 号或者是 97 号汽油，而这里说的 95 号和 97 号代表的只是汽油中的辛烷值能量的大小，也并不能够说明 97 号汽油就比 93 号的汽油清洁。但是高档汽车对汽油的清洁度要求却是非常的高，如果汽油的标号不够的话，那么对整个车辆的影响就会很快地表现出来，如果加完油之后马上出现加速无力的现象，如果汽油的杂质过于多的时候，那么对汽车的影响就要一段时间之后才能够反映出来，因为其中的积炭或者胶质增多到了一定程度才会影响到汽车的行驶状况。

当然国家对汽油也有非常严格的标准，不仅仅要求汽油有一定的辛烷值（俗称汽油标号），同时也对汽油的各种化学成分的含量都有非常严格的规定。如果其中的烯烃含量过于高的时候，汽车就不能够完全地进行燃烧，从而产生一种胶状的物质，聚集在进气歧管以及气门导管部位。如果是在发动机处于正常温度的时候，就不会出现什么异常现象。如果发动机熄火冷却一段时间之后，这些胶质就会把气门粘在气门的导管中。如果这时候你想要启动发动机的话，那么就会发生顶气门的现象。其实并不是标号越高就越好，要根据发动机压缩比合理来选择汽油的标号。在汽车发动机的参数之中，大多数崇尚动力性的车友都只是注意到了功率和扭矩这两个指标，但是还有另一个重要指标却往往被人们所忽视掉，这就是压缩比。压缩比就是汽缸内活塞的最大行程容积与最小行程容积的比值，也等于整个活塞的运动行程上止点和下止点在不同行程位置的容积比值。目前，绝大部分汽车都采用所谓的"往复式发动机"，简单地来讲的话，就是在发动机汽缸之中，有一只活塞周而复始地在做着直线往复的运动，并且是一直不停地在循环，所以在这周而复始又持续不断的工作行程之中有其一定的运动行程范围。就发动机某个汽缸来讲，当活塞的行程到达最低点的时候，此时的位置点便被称为下止点，整个汽缸包括燃烧室所形成的容积便是最大行程容积；如果活塞反方向运动的时候，到达最高点位置之时，这个位置点便称为上止点，所形成的容积就为整个活塞运动行程容积最小的状况，需要计算的压缩比就是这最大行程容积与最小容积的比值。例如压缩比为 10 的发动机就是将可燃混合汽压缩为原来体积的 1/10。一般来说在发动机的其他设计不变的情况之下，压缩比越高的车相对功率就会越大，那么效率也会越高，燃油经济性方面也会相对的要好一些。但是压缩比过高的时候就会造成稳定性开始下降，那么发动机寿命就会缩短。而且压缩比也不可能无限制地提高，因为可燃混合汽在压缩过程中温度会急剧地提高，如果在没有到活塞的上止点处温度就已经超过可燃混合汽的燃点，那么可燃混合气就会发生爆燃的现象，这就是俗称的敲缸，可以听到一种非常明显的金属撞击声音，严重的爆燃甚至会使发动机发生倒转的现象，给发动机造成一种致命的伤害。

> **知识窗**
>
> 当汽油发动机在正常运转的时候，吸进来的是汽油与空气混合而成的混合体，在压缩过程之中活塞上行，除了挤压混合气使之体积缩小之外，同时也发生了涡流和紊流两种现象。当密闭容器中的气体受到一定压缩的时候，压力就会随着温度的升高而逐渐地升高。如果发动机的压缩比较高的话，压缩的时候所产生的气缸压力与温度相应的提高，混合气中的汽油汽化得更完全，加上高压缩比的作用，当火花塞跳出火花的时候就能够使混合气在瞬间内完成燃烧，而释放出能量，成为发动机的动力输出。反之，燃烧的时间延长的话，能量就会耗费并且增加发动机的温度，而并不是非参与发动机动力的输出，所以，高压缩比的发动机就意味着具有较大的动力输出。

◎乙醇汽油

汽车用乙醇汽油标准和 GB17930-1999 车用无铅汽油标准的技术要求相比，有以下特点：（1）增加了乙醇的含量，要求乙醇含量在 9.0％～10.5％范围，不能人为的加入其他的物质，但是允许加入作为助溶剂的高级醇；（2）将原车用无铅汽油中机械杂质以及水分项目中 0.15％。

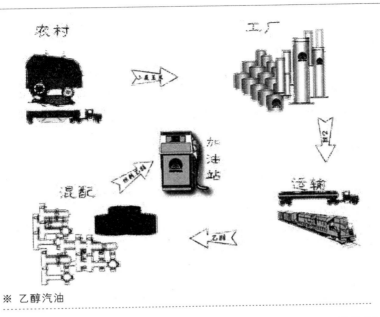

※ 乙醇汽油

　　早在 20 世纪 20 年代的时候，巴西就已经开始对乙醇汽油的使用。由于巴西石油资源比较的缺乏，但是那里却盛产甘蔗，于是形成了用甘蔗生产蔗糖、醇的成套技术。目前，巴西这个国家是世界上最早用乙醇的国家，汽油中乙醇含量已经达到了 20%。目前美国是世界上另一个燃料乙醇消耗大国。在 20 世纪 30 年代的时候在内布拉斯加州地区乙醇汽油就首次面市。在 1978 年的时候含 10% 乙醇汽油（E10 汽油）在内布拉斯加州就开始进行大规模的使用。从此之后，美国联邦政府就对 E10 汽油实行了减免税，燃料乙醇产量从 1979 年的 3 万吨迅速增加到 1990 年的 269 万吨。2000 年的时候美国燃料乙醇产量已经达到了 500 万吨左右。随着 MTBE 在美国使用量的减少和最终的被禁止使用，燃料乙醇将成为 MTBE 最佳含氧化合物的替代产品。

◎闪点

　　闪点是表示柴油蒸发和安全性能的指标，闪点过低，则说明柴油中混有少许轻质油，发动机工作粗暴，并将对柴油贮存、运输、使用以及发生交通事故后的安全性带来极大的安全隐患，因此国家标准严格规定的闪点值为≥55℃。

认识我们身边的石油

◎辛烷值分析方法

兰铂 RASX-100 辛烷值测定仪分析原理辛烷值测定仪的原理在于对汽油的辛烷值和柴油的十六烷值的绝缘导磁率和电磁感应的电荷特性测定测量出来的。通过测量样品的电介质的一些特性，同已知的存在内存里的参数进行相比较，从而测定出结果。因为仪器十分的敏感，可以测得一些相对比较微小的电介质参数变化。从而就可以检测出辛烷值，十六烷值等石油产品的参数。主要的特点测量汽油辛烷值和柴油十六烷值，以便于更加全面综合的精确测量石油产品的各种数据可以重复的误差范围为 0.5 个辛烷值的单位，带温度校正绝对误差接近静态测量值，小于 0.5 个辛烷值单位。可以对各种含添加剂的汽油进行测量同时显示 RON，MON 和抗爆指数（AKI），AKI＝（RON＋MON）/2。测量柴油的十六烷值，柴油类型以及凝结温度功能强大的处理芯片可以对数据快速精确地处理，同 WINDOWS 系统兼容比较容易操作，体积比较的小，更便于携带，箱体属于防振、防溶剂，使用成本低，带有四种背光 LCD 显示器，并且使用于低温环境之中，电源指示，外带低压电源，技术参数测量项目，所有种类的汽油，柴油测量范围：辛烷值：40～120（精度 0.5），十六烷值：20～100（精度 1）。每个样品的测量时间：＜10 秒，仪器消耗电流：30 毫安，电池使用时间：1000 小时，操作范围：温度－10℃～40℃，相对湿度 30％～80％R. H.，大气压力 64 千帕～106 千帕。规格包括：传感器，60 毫米×100 毫米，主机，80 毫米×150 毫米×30 毫米

◎实际胶质

实际胶质就是评定汽油的安定性能，判断汽油在发动机中所生成胶质的倾向，判断汽油能否使用和能否继续储存的重要指标。根据国家标准规定，每 100 毫升的汽油实际胶质则不能大于 5 毫克。那么为什么会有实际胶质这个概念呢？原因是：我们国家的汽油不是清洁汽油，不管是 90 号、93 号、97 号里面都有同样数值的烯烃，如果在常温的情况下会沉淀结胶，而结胶在高温下就会碳化，形成积炭（当然积炭的形成原因并不是单一的。另外一种情况是：在常温的情况结胶会糊住喷油嘴，然后使雾化变差，不能够充分燃烧就会生成积炭）。当加入的汽油实际胶质过于高的时候，就会在油路上形成结胶，那样容易腐蚀油路。而不均匀的油路结胶（油管变细，喷油嘴被糊住了），最终导致燃烧室的供油量开始下降，也破坏正常的空燃比（空燃比是发动机设计的时候一个很重要的技术参数），

这样就会造成火花塞点燃汽油之前汽油自燃对外做功（也就是爆震），并且具有一定的破坏性。一旦损伤发动机，那样就会影响发动机的使用寿命。燃烧室里的胶质在高温的情况下会形成积炭，使燃烧室空间变的非常小，那样就破坏了空燃比。从而损坏发动机，严重的时候动机发出异响，动力开始严重的不足，甚至到最后发动机都无法起动。怠速抖动，就很简单了，油路都被结胶堵塞了，供油量不顺畅的时候，能不怠速抖动吗？最后要说明的一点是：我们国家的汽油里的烯烃是日本和欧美国家汽油的 7 倍左右。

◎冷滤点

冷滤点是衡量轻柴油低温性能的重要指标。如果具体来讲的话：就是在规定条件之下，柴油开始堵塞发动机滤网的最高温度。冷滤点能够准确的反映柴油低温实际使用的性能，最接近柴油的实际最低使用温度。当用户在选用柴油牌号的时候，应该同时兼顾当地气温和柴油牌号对应的冷滤点。5 号轻柴油的冷滤点为 8℃，0 号轻柴油的冷滤点为 4℃，－10 号轻柴油的冷滤点为－5℃，－20 号轻柴油的冷滤点为－14℃。

◎含铅车用汽油

为提高车用汽油的辛烷值，改善车用汽油的抗爆性能，过去，人们采取了很多办法，如改变汽油组分、加添加剂等。在 1921 年的时候人们发现了一种添加剂，叫四乙基铅。就是我们所说的含铅汽油就是在车用汽油中加入一定量的四乙基铅。在车用汽油中加入一定量的四乙基铅，对提高车用汽油的辛烷值，改善车用汽油的抗爆性，能起到一定作用。但使用含铅汽油的汽车会排放铅化合物等有害气体，污染环境，直接危害人体健康，如损害人的神经、造血、生殖系统等。所以，这种方法已被废止。

◎无铅汽油

目前，无铅汽油的含义是指含铅量在 0.013 克/升以下的汽油，用其他方法提高车用汽油的辛烷值，如加入 MTBE 等。使用无铅车用汽油能够减少汽车尾气排放中的铅化合物，减少污染，对保护环境起到一定的积极作用。美国早在 1988 年就实现了车用汽油的无铅化。在我国，1997 年 6 月 1 日，北京城八区实现了车用汽油的无铅化。2000 年 1 月 1 日，全国停止生产含铅汽油，7 月 1 日停止使用含铅汽油，全国实现了车用汽油的无铅化。

认识我们身边的石油

◎轻柴油

　　轻柴油是柴油汽车、拖拉机等柴油发动机燃料。同车用汽油一样，柴油也有不同的牌号。划分柴油的依据是凝固点，目前国内应用的轻柴油按凝固点分为 6 个牌号：10 号柴油、0 号柴油、－10 号柴油、－20 号柴油、－35 号柴油和－50 号柴油。选用柴油的依据是使用时的温度。柴油汽车主要选用后 5 个牌号的柴油，温度在 4℃以上时选用 0 号柴油；温度在－5℃～4℃时选用－10 号柴油；温度在－5℃～14℃时选用－20 号柴油；温度在－29℃～14℃时选用－35 号柴油；温度在－29℃～44℃时选用－50 号柴油。选用柴油的牌号如果低于上述温度，发动机中的燃油系统就可能结蜡，堵塞油路，影响发动机的正常工作。

◎对环境的影响

　　汽油的尾气会造成污染，甚至是损害人体的健康。具体的来探究一下对环境的影响：第一，健康危害侵入途径：吸入、食入、经皮吸收。健康危害：急性中毒，对中枢神经系统有麻醉作用。轻度的中毒症状有头晕、头痛、恶心、呕吐、步态不稳、共济失调。如果是高浓度吸入就会出现中毒性脑病。如果是极高浓度吸入那么就会引

※ 对环境的影响

起意识突然丧失、反射性呼吸意外停止。也可能伴有中毒性周围神经病以及化学性肺炎。也有部分患者会出现中毒性精神病。液体吸入呼吸道可能会引起吸入性肺炎。溅入眼内可能导致角膜溃疡、穿孔，甚至是失明的可能。如果皮肤接触可能会引起急性接触性皮炎，甚至是灼伤。吞咽引起急性胃肠炎，重者出现类似急性吸入中毒症状，并且可能引起肝、肾损害。慢性中毒：神经衰弱综合征、植物神经功能症状类似精神分裂症，严重的损害皮肤。第二，毒理学资料以及环境行为毒性：属低毒类。急性毒性：LD5067000 毫克/立方米（小鼠经口）；LC50103000 毫克/立方米，2 小时（小鼠吸入）刺激性：人经眼：140ppm（8 小时），轻度刺激。亚急性和

慢性毒性：大鼠吸入 3 克/立方米，12～24 小时/天，78 天（120 号溶剂汽油），并没有发现中毒的症状。大鼠吸入 2500 毫克/立方米，130 号催化裂解汽油，4 小时/天，6 天/周，8 周，体力活动能力就会开始降低，神经系统机能会有所改变。危险特性：极其容易进行燃烧。其蒸汽与空气可以形成爆炸性混合物。当遇到明火、高热极易燃烧爆炸。与氧化剂可能会发生强烈的反应。其蒸气比空气稍微重，能够在较低处扩散到相当远的地方，当遇到明火的时候就会引起回燃，燃烧（分解）产物：一氧化碳、二氧化碳。

◎现场应急监测方法

水质检测管法检气管法《化工企业空气中有害物质测定方法》，化学工业出版社气体速测管（北京劳保所产品）检测汽油挥发性的气体，汽油油气还可以使用 2M010 油气传感器，可检测 ppm 级别数值（北京国泰恒安产品）。基本用于工业对油气、汽油挥发气的检测。也可以应用于感应油气气体浓度的产品，例如：工业型油气检测仪，地下车库汽油挥发气体检测报警仪及车载汽油检测报警仪等检测汽油挥发气体潜在危害的场所或者是需要汽油浓度数值的产品等。

◎应急处理处置方法

首先，泄漏应急处理应该迅速的撤离泄漏污染区以确保人员转移安全区，并且进行隔离，甚至是严格的限制出入。火源也要及时的进行切断。建议应急处理人员戴正压式呼吸器，穿上消防服，尽可能的切断泄漏的电源，防止进入下水道、排洪沟等限制性的空间。小量泄漏的话用砂土、蛭石或者是其他惰性材料进行吸收，也可以在保证安全的情况之下，就地进行焚烧。大量泄漏的话构采用筑围堤或者是挖坑收容，用泡沫进行覆盖，以降低蒸汽的灾害。用防爆泵转移到槽车或专用收集器内，回收或运至废物处理场所进行处置。其次、防护措施呼吸系统防护：一般不需要特殊的防护，高浓度接触的时候可以自吸过滤式防毒面具（半面罩）。眼睛防护：一般不需要特殊的防护，高浓度接触的时候可以戴化学安全防护眼镜。身体防护：穿上防静电的工作服饰。手防护：戴防苯耐油手套。其他：工作现场严禁进行吸烟，避免长期反复的接触。第三，急救措施皮肤接触：立即脱去被污染的衣着，用肥皂水和清水进行彻底冲洗皮肤，在经过医生的检查。眼睛接触：立即提起眼睑，用大量流动清水或者是生理盐水进行彻底冲洗至少要 15 分钟左右。吸入：迅速脱离现场至空气新鲜处。保持呼吸道的通畅，如果遇到呼吸困难，马上进行氧气输送。如果呼吸停止的话，立即进行人工呼吸，送至医院。食入：给饮牛奶或者用植物油洗胃和灌肠。灭火方法：喷水冷却容器，可能的话将容器从火场移至空旷的地方。灭火剂：泡沫、干粉、二氧化碳，这个时候如果用水是没有效果的。

▶ 知识窗

·清洁汽油·

　　你想问清洁汽油是什么？其实清洁汽油是一种新配方汽油，它既能够为汽车提供有效的动力，又能减少有害气体的排放。在 1996 年的时候，北京机动车保有量 110 万，这些机动车向空气中排放出大量有损健康和环境污染的有害气体。当时，大气中 73.5％的碳氢化合物（C）、63.4％的一氧化碳（O）、37％的氮氧化物都是汽车排放出来的。这些有害气体严重的污染了北京的环境，严重影响北京的空气质量问题。这一点，司机朋友们应该会有深刻的体会。现在，国家经过明确的规定，制定了新的车用无铅汽油标准。新标准 2000 年 7 月 1 日首先在北京、上海、广州三大城市开始执行。新标准对车用汽油中可能产生有害气体的组分做了严格的规定，其中：车用汽油中硫含量不大于 0.08 克/升；铅含量不大于 0.005 克/升；苯含量不大于 2.5％；芳烃含量不大于 40％；烯烃含量不大于 35％等。目前，北京石油公司也正在供应新标准清洁汽油做好一切准备工作，从 4 月份就开始置换新标准清洁汽油，7 月 1 日开始向社会全部供应新标准清洁汽油。"加清洁汽油，还首都一片蓝天"。当然清洁汽油的优点使用还是有很多好处的。在车辆方面，对汽油发动机，尤其是电喷发动机的汽车具有以下几点好处。①减少污染：使用清洁汽油的汽车，尾气排放中的碳氢化合物（C）、一氧化碳、氮氧化物将逐渐地减少，对于每一个人都有益。②清洁汽车部件：使用清洁汽油的汽车能够保持发动机燃油系统的清洁处理，比如化油器或者是喷嘴，进行排气阀、火花塞、燃烧室、活塞等，燃油系统就不会产生一些积炭，以减少对机械的磨损，这样就可以延长汽车的使用寿命。③省油：燃油系统的清洁，油品的雾化程度提高，混合气就完全的进行燃烧，功率达到最大化。④改善行驶性能：发动机容易启动，转速平稳，加速性能也很好。⑤汽车的质感好，乘车的人也感觉舒服。

| 拓展思考 |

1. 如果有一天没有汽油，用什么代替汽油呢？
2. 汽油从汽车中排出的废气为人们带来了什么？
3. 你想去汽油加工场所一览汽油的过程吗？

如果没有柴油大型车辆该怎么办

Ru Guo Mei You Chai You Da Xing Che Liang Gai Zen Me Ban

柴油属于轻质石油的一种产品，是复杂烃类（碳原子数约 10～22）混合物，属于柴油机的燃料。主要由原油蒸馏、催化裂化、热裂化、加氢裂化、石油焦化等过程生产的柴油馏分调配而成的；也可以由页岩油加工和煤液化进行制取。分为轻柴油（沸点范围约 180℃～370℃）和重柴油（沸点范围约 350℃～410℃）

※ 柴油

两大类。并且广泛地应用于大型车辆、铁路机车、船舰之中。

柴油主要的性能就是着火性和流动性：①着火性，高速柴油机要求柴油喷入燃烧室后迅速与空气形成均匀的混合气，并且压缩进行燃烧，因此就要求燃料容易自燃，从燃料开始喷入气缸到开始着火的间隔时间称为自燃期或着火落后期。燃料自燃点非常的低，自燃的时期就比较短，所以着火性能就比较的好。一般以十六烷值作为评价柴油自燃性的指标。②流动性。凝点是评定柴油流动性的重要指标，它表示燃料不经加热而能输送的最低温度。柴油的凝点是指油品在规定条件下冷却至丧失流动性时的最高温度。柴油中正构烷烃含量多并且沸点高的时候，凝点也很高。一般选用柴油要求凝点低于环境温度 3℃～5℃。柴油可以被用来作为汽车、坦克、飞机、拖拉机、铁路车辆等运载工具或则是其他机械用的燃料，也可以用来发电、取暖等等。柴油机的效率比较高，如果大量取代汽油机，可以显著降低石油消耗速度及二氧化碳的排放量。但是比起汽油来讲，柴油中所含的杂质更高点，当它燃烧的时候也更容易产生烟尘，这样就会造成空气的污染。但是柴油并不像汽油那样会产生一种有毒的气体，所以比汽油更环保和健康。为了减少因为烟尘所造成的污染，因此近几年中在西欧各国包括汽车在内燃烧柴油的机器必须装滤尘器才可以进行使用，而其硫氧化合物污染同样也是一个问题。因此各汽车公司都在发展降低污染的技术：为了减低污染，柴油的含硫量也是人们关注的焦点，例如我国台湾有含硫量低于 50ppm 的柴油供选购。柴油的沸点比较高，其次就是煤油（俗称火水），石脑油和汽油（俗称电油）等。

◎柴油的历史

想知道柴油的历史吗？柴油其实是为了纪念发明了柴油引擎的德国发明家鲁道夫·狄塞尔的名字 RudolfDiesel 派生而来。柴油的热值为 3.3×10^7 焦/升，沸点范围和黏度介于煤油与润滑油之间的液态石油馏分。比较容易点燃也容易进行挥发，但是不溶于水中，容易溶于醇和其他有机溶剂中，是组分复杂的混合物，沸点范围十六烷值有 $180℃ \sim 370℃$ 和 $350℃ \sim 410℃$ 两类，由原油、页岩油等经直馏或者是裂化等过程进行制得。根据原油中不同的性质，有石蜡基柴油、环烷基柴油、环烷-芳烃基柴油等等。根据其密度不相同，对石油以及加工产品，习惯上对沸点或者沸点范围低的称为轻，相反的就称为重，一般分为轻柴油和重柴油。石蜡基柴油也可以用作裂解制乙烯、丙烯的原料，还可作吸收油等。商品柴油按凝固点可以进行分级，如 10、−20 等，就表示低使用温度，柴油广泛地用于大型车辆、船舰、发电机等。主要用作柴油机的液体燃料中，由于高速柴油机（汽车用）比汽油机省油，柴油需求量增长速度就大于汽油。柴油具有低能耗、低污染的环保特性，所以一些小型汽车甚至高性能汽车也都改用柴油，但是由于我国柴油质量比较的低劣，国外运转正常的柴油汽车进口到国内就会造成频频的事故。

▶知识窗

　　对柴油质量要求是燃烧性能和流动性，燃烧性能用十六烷值表示愈高愈好，大庆原油制成的柴油十六烷值可达 68。高速柴油机用的轻柴油十六烷值为 42～55，低速的在 35 以下。

◎柴油生产方法

柴油的生产其实就是利用油脂原料合成生物柴油的方法、用动物油制取的生物柴油及制取方法、生物柴车用生物柴油和生物燃料油的添加剂、废动植物油脂生产的轻柴油乳化剂及其应用；以低成本无污染的生物质液化工艺以及装置、低能消耗生物质热裂解的工艺以及装置、利用微藻快速

认识我们身边的石油

热解制备生物柴油的方法；用废旧的塑料、废油、废植物油提取汽油、柴油用的解聚釜、生物质气化制备燃料气的方法以及气化反应的装置；以植物油提取石油制品的工艺方法、用等离子体热解气化生物质制取合成气的方法、用淀粉酶解培养异养藻制备生物柴油的方法、用生物质生产液体燃料的方法；用植物油下脚料生产燃油的工艺方法、由生物质水解残渣制备生物油的方法、植物油脚提取汽油柴油的生产方法、废油生成燃料油的装置

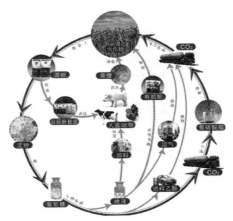

※ 柴油生产示意图

和方法；脱除催化裂化柴油中胶质的方法、废橡胶（废塑料、废机油）提炼燃料油的环保型新工艺、脱除柴油中氧化总不溶物以及胶质的化学精制方法，阻止柴油、汽油变色和胶凝的一种助剂，废润滑油的絮凝分离处理方法。汽车柴油型号：0 号、－10 号、－20 号、－35 号、＋5 号、＋10 号等、柴油是压燃式发动机（即柴油机）燃料，也是消耗量柴油机最大的石油产品之一。

◎柴油的着火性

一般高速的柴油机都要求当柴油喷入燃烧室之后就要迅速与空气形成均匀的混合气，并且立即自动着火进行燃烧，所以要求燃料容易于自燃。从燃料开始喷入气缸到开始着火的间隔时间就称为自燃期或者是着火落后期，燃料的自燃点（在空气存在下能自动着火的温度）低，则自燃时期就比较的短，就说明着火性能比较的好。一般以十六烷值作为评价柴油自燃性的指标，也可以有柴油指数或十六烷指数表示。

◎十六烷值

十六烷值就是指与柴油自燃性相当的标准燃料中所含正十六烷的体积百分数，标准燃料正是十六烷与 2-甲基萘按照不同体积的百分数配成的一种混合物。其中正十六烷的自燃性能比较的好，设定其十六烷值为 100，α-甲基萘（1-甲基萘）自燃性能差，设定其十六烷值为 0。也有以 2、2、4、4、6、8、8-七甲基壬烷代替 α-甲基萘（1-甲基萘），设定其十六烷

值为 15，十六烷值测定是在实验室标准的单缸柴油机上按照规定条件进行的。十六烷值高的柴油就容易启动，燃烧比较均匀，输出的功率也大；十六烷值低，那么着火就慢，工作不稳定，容易引发爆震的现象。一般用于高速柴油机的轻柴油，其十六烷值以 40～55 为宜；中、低速柴油机用的重柴油的十六烷值可以低到 35 以下。柴油十六烷值的高低与其化学组成是有一定关系的，正构烷烃的十六烷值最高些，芳烃的十六烷值最低些，异构烷烃和环烷烃居中。当十六烷值高于 50 后，然后再继续提高对缩短柴油的自燃期作用已经不太大；相反，当十六烷值高于 65 的时候，就会由于自燃期的时间太短，燃料未及与空气均匀混合即着火自燃，以至于不完全的进行燃烧，部分烃类热分解而产生冒黑烟游离碳粒，就会随着废气排出去，会造成发动机冒黑烟以及油量消耗增大，功率就下降。加添加剂可以提高柴油的十六烷值，常用的添加剂有硝酸戊酯或者是已酯。

◎柴油的性能参数

由于柴油机较汽油机热效率高、功率大、燃料单耗低、比较经济，故应用日趋广泛。它主要作为拖拉机、大型汽车、内燃机车及土建、挖掘机、装载机、渔船、柴油发电机组和农用机械的动力。柴油是复杂的烃类混合物，碳原子数约为 10～22。0 号柴油主要由原油蒸馏、催化裂化、加氢裂化、减粘裂化、焦化等过程生产的柴油馏分调配而成（还需经精制和加入添加剂）。柴油分为轻柴油（沸点范围约 180℃～370℃）和重柴油（沸点范围约 350℃～410℃）两大类。柴油使用性能中最重要的是着火性和流动性，其技术指标分别为十六烷值和凝点，我国柴油现行规格中要求含硫量控制在 0.5％～1.5％。柴油按凝点分级，轻柴油有 10、0、－10、－20、－35 五个牌号，重柴油有 10、20、30 三个牌号。

◎柴油的流动性

凝点就是评定柴油流动性的重要指标，它表示燃料不经过加热而能输送的最低温度。柴油的凝点是指油品在规定条件下进行冷却导致丧失流动性时的最高温度。柴油中正构烷烃含量多并且沸点高的时候，凝点也非常的高。一般会选用柴油的凝点低于环境温度 3℃～5℃，所以随着季节和地区的变化，需要使用不同的牌号，就是不同凝点的商品柴油。在实际使用之中，柴油在温度比较低的情况下会析出结晶体，当结晶体长大到一定程度的时候就会堵塞滤网，而这个时候的温度就称为是冷滤点。冷过滤与凝点相比的话，它更能够反映实际的使用性能。对同一种油品，一般冷滤点比凝点高 1℃～3℃。采用脱蜡的方法，就可以降低凝点，从而得到低凝的柴油。

柴油的毒性和煤油十分的相似，但是由于添加剂（如硫化酯类）的影响。柴油的毒性相对比煤油的稍微大点。主要具有麻醉和刺激的作用，但是至今还是没有见到职业中毒报道的一些消息。毒性对于健康的影响：柴油中有一种高沸点的成分，所以使用的时候由于蒸汽所致的毒性机会会稍微小点。柴油的雾滴吸入之后可能会导致吸入性肺炎。如果皮肤接触柴油可能会直接导致接触性皮炎。多见于两手、腕部与前臂上面。柴

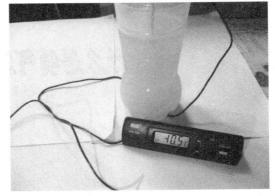

※ 柴油的流动性

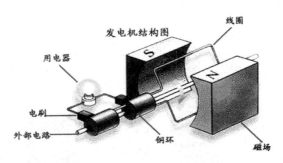

※ 柴油发电机的原理示意图

油的废气，内燃机燃烧柴油所产生的废气常常能够严重的污染环境。废气中含有氮氧化物、一氧化碳、二氧化碳、醛类和不完全燃烧的时候产生大量的黑烟。黑烟中有没有经过燃烧的油雾、碳粒，一些高沸点的杂环和芳烃物质，并且其中还有致癌物就像 3.4-苯并芘。

| 拓展思考 |

1. 你知道柴油都用于哪些车辆吗？
2. 柴油在市场上主要占什么位置？
3. 柴油容易自燃吗？

第二章 石油是黑色的金子
SHIYOUSHIHEISEDEJINZI

什么是喷气燃料

Shen Me Shi Pen Qi Ran Liao

◎喷气燃料简介

喷气燃料就是喷气发动机燃料，又被称为航空涡轮的燃料，是一种轻质石油产品。主要由原油蒸馏的煤油馏分经过精制加工，有的时候还会加入添加剂制得，也可以由原油蒸馏的重质馏分油经过加氢裂化而生产。分宽馏分型（沸点 60℃～280℃）和煤油型（沸点 150℃～315℃）两大类，

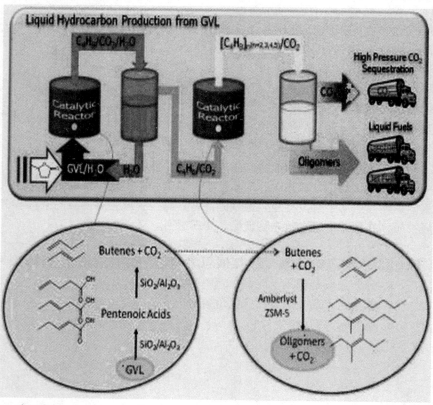

※ 喷气燃料

并且广泛地应用于各种喷气式的飞机中。煤油型喷气燃料也称为航空煤油。喷气燃料产量，在第二次世界大战之后，就随喷气式飞机的发展而开始急剧地增长，目前已经远远超过航空汽油。我国于 1961～1962 年的时候用国产原油试制成功航空煤油并且投入生产中。喷气燃料中经常加入各种添加剂以改进其自身的性能，如抗氧剂、金属钝化剂、防冰剂、静电消散剂和抗磨润滑剂等。

※ 飞机起飞喷出的烟

◎喷气燃料质量指标

　　喷气燃料的质量也有严格的规定，在石油轻质燃料的规格标准中其指标项目比较多。主要的质量指标为：

　　1. 体积发热量

　　体积发热量是为喷气燃料的能量特性，是指单位体积燃料完全燃烧的时候释放的净热量，为燃料的质量发热量与其密度的乘积。更严格的来讲，它对用于导弹（冲压导弹和巡航导弹）的石油燃料才有决定意义。体积发热量对于飞行器的航程有重要的意义，其值越大就表示航程也可以越远。而提高燃料的密度就是增大其体积发热量最有效的途径，例如：密度为 845 千克/立方米（体积发热量约 36×10^3 兆焦/立方米）的燃料与密度为 780 千克/立方米（体积发热量约为 33×10^3 兆焦/立方米）的燃料相比，在同样载油体积的条件之下，可以使飞行器多载大约 9% 的能量。

2. 冰点

冰点是燃料低温性能的重要指标之一，指燃料在冷却的时候形成烃类结晶而在温度升高的时候又消失的温度，在大多数国家的喷气燃料规格中采用。喷气燃料要求冰点比较的低，对高空长时间飞行用的燃料应该低于 $-50℃$（短时间飞行的可不高于 $-40℃$）。还有与冰点的作用相同、但是定义不同的指标结晶点。它指当燃料冷却的时候最初出现烃类结晶时的温度，比冰点的测定值低 $1℃ \sim 3℃$，为中国、苏联及东欧各国所采用。中国近年来开始采用冰点取代结晶点。

3. 密度

现如今喷气飞机用的燃料的密度最高为 845 千克/立方米；导弹用的合成烃类燃料的密度可高达 $920 \sim 1060$ 千克/立方米。当然，后者不是一般的石油蒸馏过程所能达到的，而是一些特殊结构的合成燃料，体积发热量大的燃料习惯上称为高密度燃料。

▶ 知识窗

　　燃料要洁净不含游离水和固体杂质及表面活性物质，热稳定性能要好。以相应的固体粒子含量、水反应和水分离指数、动态热安定性等指标加以检测。

| 拓展思考 |

1. 喷气燃料有什么作用呢？
2. 喷气燃料和汽油之间有关系吗？

认识我们身边的石油

燃料油的诞生

Ran Liao You De Dan Sheng

◎燃料油简介

　　燃料油的性质主要取决于原油本身的性质以及加工方式，而决定燃料油品质的主要规格指标包括黏度、硫含量、倾点等供发电厂等使用的燃料油还对钒、钠含量作有关的规定。

※ 燃料油

认识我们身边的石油

◎自然属性

燃料油被广泛地应用于电厂发电、船舶锅炉燃料、加热炉燃料、冶金炉和其他工业炉燃料。燃料油主要由石油的裂化残渣油和直馏残渣油制成的,最主要的特点是黏度比较大,含非烃化合物、胶质、沥青质多。

1. 黏度

黏度是燃料油最重要的性能指标,是划分燃料油等级的主要依据。黏度是对流动性阻抗能力的度量,黏度的大小表示燃料油的易流性质、易泵送性和易雾化性能的好坏。对于高黏度的燃料油,一般都需要经过预热,使黏度能够降至一定的水平,然后进入燃烧器可以使在喷嘴处易于喷散雾化。黏度的测定方法,表示的方法也有很多。

> **知识窗**
>
> 在英国经常用雷氏黏度,美国则习惯用赛氏黏度,欧洲大陆则往往使用恩氏黏度,但是各国也正在逐步以更为广泛地采用运动黏度,因为运动黏度测定的准确度比其他几种都高,并且样品用量也较少些,测定速度比较快。各种黏度之间的换算通常可以通过已经预先制好的转换表查到相近的值。目前国内比较常用的是 40℃运动黏度(馏分型燃料油)和 100℃运动黏度(残渣型燃料油)。中国过去的燃料油行业标准用恩氏黏度(80℃、100℃)来作为质量控制指标,以 80℃的运动黏度来划分牌号。油品运动黏度是油品的动力黏度和密度的比值。运动黏度的单位是 Stokes,即斯托克斯,简称斯。当流体的动力黏度为 1 泊,密度为 1 克/立方米时的运动黏度就为 1 斯托克斯。

2. 含硫量

如果燃料油中的硫含量过于高的时候就会引起金属设备腐蚀和环境污染的现象。根据含硫量的高低,燃料油可以划分为高硫、中硫、低硫燃料油。在石油的组分中除了碳、氢之外,硫是第三个主要组分,虽然硫在含量上面远远的低于前两者,但是其含量仍然是一个非常重要的指标。按照含硫量的多少,燃料油一般又有低硫与高硫之分,前者含硫在 1%以下,后者通常高达 3.5%甚至 4.5%或者是以上。另外还有低蜡油,含蜡量高有高倾点(如 40℃～50℃)。在上海期货交易所交易的就是高硫燃料油。

3. 密度

密度是为油品的质量与体积的比值。克/立方厘米、千克/立方米或公吨/立方米等为常用的单位。由于体积随着温度的变化而变化,所以密度不能够脱离温度而独立的存在。为了方便进行比较，西方规定以 15℃ 下的密度作为石油的标准密度。

4. 闪点

闪点是油品安全性的指标。油品在特定的标准条件下加热到某一温度的时候，令其表面逸出的蒸气刚刚能够与周围的空气形成一种可燃性混合物，当以这种标准测试火源与该混合物接触的时候就会引起瞬时的闪火，此时油品的温度就被定义为闪点。其特点是火焰一闪就可以灭掉，达到闪点温度的油品还不能够提供足够的可燃蒸汽以维持持续进行燃烧，仅仅可以当其接着受热而达到另一更高的温度时候，一旦与火源相遇就可能构成持续燃烧，此时的温度就被称为燃点或者是着火点。虽然如此，但是闪点已经足以表明这种油品着火燃烧的危险程度，习惯上也正是根据闪点来对危险品进行分级。所以显然闪点愈低就表示愈危险，愈高就表示愈安全。

5. 水分

水分的存在会影响燃料油的凝点，随着含水量的不断增加，燃料油的凝点也逐渐地上升。除此之外，水分还会影响燃料机械的燃烧性能，可能会造成炉膛熄火、停炉等事故。

6. 灰分

灰分是燃烧之后剩余不能够燃烧的部分，特别是催化裂化循环油和油浆渗入燃料油之后，硅铝催化剂粉末会使泵、阀磨损加速。另外，灰分还会覆盖在锅炉受热面上，使传热性能开始变坏。

7. 机械杂质

机械杂质会堵塞过滤网，造成抽油泵磨损和喷油嘴堵塞，影响进行正常的燃烧。

◎燃料油分类

燃料油是炼油工艺过程中的最后一种产品，产品质量控制有着比较强的特殊性质，最终燃料油产品会形成受到原油品种、加工工艺、加工深度等诸多因素的约束。可以根据不同的标准，对燃料油可以进行以下的分类：

（1）根据出厂的时候是否形成商品，燃料油可以分为商品燃料油和自用燃料油这两种。商品燃料油指在出厂环节形成商品的燃料油，自用燃料油指用于炼厂生产的原料或者燃料而未在出厂环节形成商品的燃料油。

（2）根据加工工艺的流程，燃料油也可以叫做重油，可以分为常压重油、减压重油、催化重油和混合重油。常压重油指炼厂催化、裂化装置分馏出的重油（俗称油浆），混合重油一般指减压重油和催化重油的混合，包括渣油、催化油浆和部分沥青的混合。

※ 不同的燃料油

（3）根据用途来划分燃料油可以分为船用内燃机燃料油和炉用燃料油两大类，两类都包括馏分油和残渣油。馏分油一般是由直馏重油和一定比例的柴油混合而成，经常用于中速或者是高速船用柴油机和小型锅炉中。残渣油主要是减压渣油、或裂化残油或者是二者的混合物，或调入适量裂化轻油制成的重质石油燃料油，可以供低速柴油机、部分中速柴油机、各种工业炉或者是锅炉为燃料。船用残渣内燃机燃料油是大型低速柴油机的燃料

※ 炉用燃料油

油，其主要使用性能是要求燃料能够喷油雾化良好，以便于燃烧的更彻底，降低耗油量，减少积炭和发动机的磨损程度，所以要求燃料油具有一定的黏度，这样可以保证在预热温度之下能够达到高压油泵和喷油嘴所需要的黏度，通常情况下使用较多的是38℃。雷氏1号黏度为1 000和1 500秒的两种。因为燃料油在使用的时候必须预热来降低其自身的黏度，为了保证使用安全预热温度必须比燃料油的闪点低大约20℃，燃料油的闪点一般在70℃～150℃之间。炉用残渣燃料油主要用于各种大中型锅炉和工业用炉的燃料油中。各种工业炉燃料系统的工作过程基本上是相同的，即抽油泵把重油从储油罐之中抽出来，经过粗、细分离器以除去机械中的杂质，再经过预热器预热到

70℃～120℃的时候，预热后的重油黏度就会逐渐地降低，再经过调节阀在 8～20 个大气压下，由喷油嘴喷入炉膛中，雾状的重油与空气混合后在进行燃烧，燃烧之后的废气通过烟囱在排入大气中。

◎化学品运输：六项注意

第一，从事危险品运输首先就要成为半个"行家"司机要学习一定的化工知识，对经常运输的化学品的性质有所了解。启动之前要向业务部门询问清楚，所载货物的物理、化学性能，应该注意的事项，例如产品的比重、闪燃点、毒性、膨胀系数等。例如，运输桶装的环氧氯丙烷，其膨胀系数大、容易进行燃烧，灌装的时候一定要用新桶，并且要满桶装，不能够留有一定的空间。夏季的时候要在车上装棚杆、搭凉棚，要通气避光，特别要防止阳光进行直射；并且向有关部门办理危险品运输证明，悬挂小黄旗，并且写上表明"危险品"的字样，以便于人们识别。另外还要带上几个桶盖密封圈，一两个湿麻袋，少量的沙子，以及专用的扳手、干粉灭火器等设备，以便于应急的时候使用。

第二，装载货物的时候要到现场从事危险品运输的过程其实是检验驾驶员责任心的过程，从开始进行工作就要细心。桶装危险品装载看着非常的简单，其实讲究非常的多，装载要均匀、平衡；各种化学危险品不能够进行混装，以免泄漏之后发生化学反应，要做到一车一货；桶与桶之间不

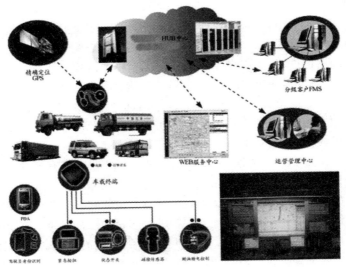

※ 运输

能够留有一定的空隙，空隙要用废纸板或者编织袋充填；排气管要装阻火器；车厢是铁板的，还应该铺上一层草垫或芦苇席，这样以免在行驶中滑动；再用绳子将货物进行固定，以确保安全无误。

第三，车辆在行驶中中速行驶，精心驾驶所运输的危险品，要知道责任重于泰山。要挑选脾气性格温和、技术精湛、并且不吸烟的驾驶员来担当重任。行车要"礼让三先"，主动避让各种车辆。躲开那些坑坑洼洼，不开英雄车、赌气车，使车辆在平稳中前行。驾驶中要尽量少用紧急刹车，这样以保证货物的稳定。值得提醒的是，无论运输何种化工产品，都要加盖雨布，应该谨防行车的时候有烟头飞落。

第四，在行驶途中应该勤检查危险品运输的事故隐患是从泄漏开始的，由于行车途中车辆颠簸震动，往往会容易造成包装损坏，破损又往往集中在三个"点"上：（1）桶盖没有拧紧或者是密封圈失效；（2）铁桶的焊缝处以及桶筋由于摩擦所破坏；（3）桶底在行驶之中位移造成。所有，每当行驶两小时之后都要查看一下桶盖上有没有东西溢出，用专用扳手再拧紧一下，如果密封圈失效应立刻进行更换；铁桶之间的充填物有无跌落；车厢底部四周有没有泄漏的液体，如果有的情况应该查出漏桶，将漏点朝上；捆绑的绳索是否有松动的现象等。值得提醒的是，高温季节，液体会发生膨胀，更换密封圈的时候要慢慢地打开，等放走气体之后在进行打开，这样可以避免开盖过急液体喷出来伤到人。

第五，在行驶之前，行车路线、时间选择得当运输危险品要选择道路平整的国道主干线，不要因为想要走近路而不去走交通方便的道路。行车要远离城镇以及居民的地区，非通过不可的时候，要进行检查，以确认安全无泄漏后再过境。不能在城市街道、人口密集区停车休息、吃饭。提倡白天休息，在夜间的时候行车，以避开车辆、人员的高峰期。万一发生泄漏，当个人力量无法挽回的时候，就要迅速开往空旷的地带，远离人群、水源。如果一旦发生交通事故，就要扩大隔离的范围，并且立刻向有关的部门进行报告。

第六，卸货的时候要小心，防止污染化工产品大多有毒性或者是腐蚀性，一旦不注意的话就容易污染环境，特别是液体的产品容易污染土地和水源。如果是经过长途运输，外包装都有一定的破损，那么卸货的时候更应该注意。没有专用站台的地方要铺跳板或者木杠，用绳子拉住桶然后缓缓地落地，或用废轮胎垫地，这样可以起到缓冲的作用。并且要告诉货主，对危险品要搁置一段时间，等各种性能平稳之后在进行使用。需要提醒的是，如果发现车厢里有泄露的痕迹，千万不要急于清洗，要先用锯末或者是沙子进行清扫，让其干透、蒸发之后，在远离水源的地方进行冲洗，这样可以避免造成一定的环境污染。

◎燃料油行业

在中国燃料油行业中，近年来得到突飞猛进地发展，其主要由中国石油和中国石化两大集团公司所生产的，少量为地方炼油厂生产。在2004年8月，中国推出了燃料油期货。上海燃料油期货上市以来，功能就得到了很大的发挥，为中国燃料油发展奠定了良好的基础。国内燃料油生产一直比较稳定，2000年曾突破2 000万吨大关，但是之后的2001年、2002年又回落至1 800万吨左右，直到2003年重新攀上2 000万吨，之后一直呈现微幅增长的态势，2006年产量为2 264.7万吨。由于国内燃料油产量增长比较的稳定，然而缺少能源的沿海地区经济发展也比较快，对燃料油的需求也在不断地上升，因此国内燃料油的供应缺口就不断地加大，其供应也越来越依赖进口，燃料油已经成为除了原油以外进口量最大的石油产品。从2003年开始，我国燃料油进口迅猛地增加，2004年突破3 000万吨，达到3 054万吨，国内表观消费量达到4 956.4万吨，同比增长16.9%，进口量占表观消费量的比重达到61.6%，而这也是国内燃料油消费量增长比较迅速的一年。2005年、2006年燃料油表现消费量呈现下降的趋势，进口量均略低于2004年，分别为2 601万吨和2 793万吨。从长远的角度来看，考虑炼厂深加工能力的增长、进口可能会出现缩减等一些因素。我国燃料油行业在发展的同时，一些问题也日益地显露出来。所以，我国燃料油企业就必须抓住新的发展形势，规范燃料油的分类和商品的名称，生产适应市场需要的品种，不断推广环保新技术，谨慎投资扩张，建立与燃料油市场相适应的管理体制，加强合作，只有这样才能在新形势下利于不败之地。

| 拓展思考 |

1. 燃料油主要有什么作用？
2. 燃料油是怎样形成的？
3. 燃料油和汽油有什么区别？

润滑油的快捷之处

Run Hua You De Kuai Jie Zhi Chi

该换夏季润滑油了!

※ 润滑油

想知道润滑油是怎样来的吗？润滑剂用的油（如石油的蒸馏物或脂肪质）涂在机器轴承或者人体某个部位等运动部分表面的油状液体，可以减少润滑油少摩擦、避免发热、防止机器磨损以及医学用途等作用。一般是分馏石油的产物，有的也是从动物的体内提炼出来。所以被称为"润滑脂"。是一种不容易挥发的油状润滑剂。按照其来源分动植物

油、石油润滑油和合成润滑油这三大类别。石油润滑油的用量占总用量97％以上，因此润滑油就经常指石油润滑油。石油润滑油主要用于减少运动部件表面之间的摩擦，同时也对机器设备具有冷却、密封、防腐、防锈、绝缘、功率传送、清洗杂质等不同的作用。主要来自原油蒸馏装置的润滑油馏分和渣油馏分。润滑油最主要的性能就是黏度、氧化安定性和润滑性质，它们与润滑油馏分的组成有着密切的关系。黏度是反映润滑油流动性的重要质量指标。在不同条件下对黏度的要求也有所不同。而重负荷和低速度的机械就要选用高黏度的润滑油。氧化安定性表示油品在使用环境中，由于温度、空气中氧以及金属催化作用所表现的抗氧化的能力。油品经过氧化之后，可以根据使用条件就会生成细小的以沥青质为主的碳状物质，呈现粘滞的漆状物质或者是漆膜，或者是黏性的含水物质，以此来降低或丧失其使用的基本性能。润滑性就表示润滑油的减磨性能。润滑油添加剂概念是加入润滑剂中的一种或几种化合物，以使润滑剂得到某种新的特性或改善润滑剂中已有的一些特性。添加剂按照功能主要分为抗氧化剂、抗磨剂、摩擦改善剂（又名油性剂）、极压添加剂、清净剂、分散剂、

泡沫抑制剂、防腐防锈剂、流点改善剂、黏度指数增进剂等一些类型。一般在市场上所销售的添加剂一般都是以上各单一添加剂的复合品，有所不同的就是单一添加剂的成分不同，以及复合添加剂内部几种单一添加剂的比例不同。

润滑油基本上是用在各种类型机械上面以减少机器零件之间的摩擦，保护机械以及加工件的液体润滑剂，主要是起到润滑、冷却、防锈、清洁、密封和缓冲等作用。润滑油就占全部润滑材料的85%，种类牌号也比较的繁多，现在世界年用量大约为3 800万吨。对润滑油总的要求是：

（1）要减摩抗磨，以降低摩擦阻力来节约能源，减少磨损以延长机械的寿命，以此来提高经济效益；

（2）冷却，要求随时将摩擦热排出机器外面；

（3）密封，要求防泄漏、防尘、防窜气；

（4）抗腐蚀防锈，要求保护摩擦表面不受油变质或者是外来的侵蚀；

（5）清净冲洗，要求把摩擦面积垢清洗排除；

（6）应力分散缓冲，分散负荷和缓和冲击及减震；

（7）动能的传递，液压系统和遥控马达以及摩擦无级变速等。

◎润滑作用

当发动机在运转的时候，如果一些摩擦部位得不到适当地润滑，那么就会产生干摩擦的现象。从实践来证明，干摩擦在短时间之内产生的热量足以使金属熔化，会造成机件的损坏甚至是机器卡死（许多漏水或漏油的汽车出现拉缸、抱轴等故障，主要原因就在于此）。所以必须在发动机的摩擦部位用上非常好的润滑油。当润滑油流到摩擦部位之后，就会粘附在摩擦表面上形成一层油膜，这样可以减少摩擦机件之间的阻力，从而使油膜的强度和韧性发挥到润滑油最大的作用。

■机油是发挥什么作用的呢?

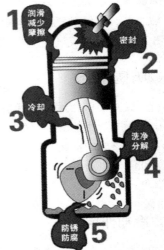

※ 润滑油的作用

◎密封作用

发动机的气缸与活塞、活塞环与环槽以及气门与气门座间都存在一定的间隙，这样能够保证各运动副之间不会造

冷却发动机部件作用

冷却

密封燃烧室作用

燃烧室

保持发动机部件清洁

润滑油

防锈和抗腐

防锈　抗腐

润滑油

※ 润滑油的作用

成卡滞的状态。但是这些间隙可以造成气缸密封不好，燃烧室漏气结果是降低气缸压力以及发动机输出的功率。而润滑油就在这些间隙之中形成一种油膜，来保护气缸的密封性能，保持气缸压力以及发动机输出的功率，并且能够阻止废气向下窜入曲轴箱。

◎防锈作用

当发动机在运转或者是存放的时候，大气、润滑油、燃油中的水分以及燃烧所产生的酸性气体，可能会对机器的零件造成腐蚀和锈蚀，这样就加大摩擦面的损坏性。而润滑油在机件表面下形成的油膜，就可以直接避免机件与水及酸性气体进行直接接触，这样以防止产生腐蚀、锈蚀的现象。

◎冷却作用

燃料在发动机内燃烧之后所产生的一些热量，只有一小部分是用于动力输出以及摩擦阻力消耗和辅助机构的驱动上面；其余的一些部分热量除了随着废气排到大气之外，还是会被发动机中的冷却介质会带走一少部分。那么发动机中多余的热量就必须排出机器体外，否则发动机就会由于温度过高而烧坏。这一方面靠发动机冷却系来完成，另一方面还要靠润滑油从气缸、活塞、曲轴等从表面吸收热量之后带到油底壳中进行散发完成。

◎洗涤作用

发动机在工作的时候，就会产生许多的污物。吸入空气中带来的砂土、灰尘，混合气进行燃烧之后就会形成积炭，润滑油氧化之后生成的胶状物质，机件之间摩擦多产生的金属屑等。这些污物就会随着在机件的表面上进行摩擦，如果不清洗干净的话，就会加大机件的磨损性质。另外，大量的胶质会使活塞环粘结卡滞，这样就直接导致发动机不能够正常地运转。因此，必须要及时的将这些污物进行清理，而这个清洗过程是靠润滑油在机体内进行循环流动来完成的。

> ▶ 知识窗

在压缩过程结束的时候，混合气就会开始进行燃烧，气缸压力变得急剧上升。在这个时候，轴承间隙之间的润滑油将缓和活塞、活塞销、连杆、曲轴等机件所受到的冲击载荷，使发动机能够平稳的进行工作，并且防止金属进行直接接触，以减少彼此之间的磨损。总结（1）减摩抗磨，以降低摩擦阻力来节约能源的消耗，减少磨损以延长机械的使用寿命，更有效地提高经济效益；（2）冷却，要求随时将摩擦热排出机外；（3）密封，要求防泄漏、防尘、防串气；（4）抗腐蚀防锈，要求保护摩擦表面不受到油变质或者是外来的侵蚀；（5）清净冲洗，要求把摩擦面积垢进行清洗排除；（6）应力分散缓冲，分散负荷和缓和冲击以及减震；（7）动能传递，液压系统和遥控马达及摩擦无级变速等。

润滑油一般由基础油和添加剂两部分来组成，基础油是润滑油的主要组成部分，其基础油决定着润滑油的基本性质，添加剂可以弥补和改善基础油在性能方面的一些不足之处，赋予某些新的性能，并且也是润滑油的重要组成部分。

◎润滑油的基础油

润滑油的基础油主要分为矿物基础油、合成基础油以及生物基础油三大类油，矿物基础油的应用非常的广泛，是一种用量很大的润滑油，大约在95％以上，但是有些应用场合则必须使用合成基础油和生物油基础油调配的产品，所以使这两种基础油才能够得到迅速的发展。矿油基础油是由原油提炼出来的。润滑油基础油主要生产过程有：常减压蒸馏、溶剂脱

长期使用低质机油或不定期保养后果很严重

※ 长期不使用润滑油的汽车

沥青、溶剂精制、溶剂脱蜡、白土或者加氢补充精制。在1995年的时候修订了中国现行的润滑油基础油标准，主要修改了其分类的方法，并且增加了低凝和深度精制两类专用基础油的标准。矿物型润滑油的生产，最重要的就是选用最佳的原油。矿物基础油的化学成分包括高沸点、高分子量烃类和非烃类的混合物。其组成一般为烷烃（直链、支链、多支链）、环烷烃（单环、双环、多环）、芳烃（单环芳烃、多环芳烃）、环烷基芳烃以及含氧、含氮、含硫有机化合物和胶质、沥青质等非烃类化合物。生物基础油也可以说是植物油目前越来越受广大爱好者的欢迎，它可以生物降解而迅速地降低对环境造成的污染现象。由于当今世界上所有的工业企业都在寻求减少对环境污染的一些措施，而这种"天然"的润滑油也正是拥有了这个特点，虽然植物油在成本上比较高，但是所增加的费用足以能够抵消使用其他矿物油、合成润滑油所带来对环境污染所收取的费用。

◎添加剂

添加剂是近代高级润滑油的一种精髓，以正确选用合理的加入，可以改善其物理化学性质，对润滑油赋予了新的特殊性能，或则加强其原本具有的某种性能，以满足更高的要求。根据对润滑油要求的质量和性能，对添加剂也精心的选择，仔细平衡，并且进行合理的调理分配，这样才能够保证润滑油的质量。一般情况下常用的添加剂有：黏度指数改进剂、倾点下降剂、抗氧化剂、清净分散剂、摩擦缓和剂、油性剂、极压剂、抗泡沫剂、金属钝化剂、乳化剂、防腐蚀剂、防锈剂、破乳化剂、抗氧抗腐剂等。而目前国内市场上主要添加剂生产商都聚集在北方地区，相对于南方而言，在北方生产的添加剂相对含水量要小些。

◎基本性能

润滑油是一种技术非常密集型的产品，是非常复杂的碳氢化合物的混合物，而其真正使用的性能又是复杂的物理或者是化学性质变化过程的综合效应。润滑油的基本性能包括一般理化性能、特殊理化性能和模拟台架试验。一般理化性能每一类润滑油脂都有其共同的一般理化性能，这样以表明该产品内在的质量问题。对于润滑油来讲，它的理化性能具体表现在：

1. 外观

想要反映其润滑油精制程度和稳定性，往往看油品的颜色。对于一般的基础油来讲，一般精制程度越高的时候，其烃的氧化物和硫化物脱除的就越干净，那么颜色也就越浅些。但是，即使精制的条件有所相同，不同油源和其属的原油所

※ 颜色

生产的基础油，其颜色和透明度也可能会有所不同。对于新的成品润滑油，由于添加剂的使用，用颜色来作为判断基础油精制程度高低的指标那么就会失去原有的意义。

2. 密度

密度是润滑油最简单、最常用的物理性能指标。润滑油的密度随着其组成中含有碳、氧、硫的数量的增加而逐渐地增大，因此在同样黏度或者是同样相对分子质量的情况之下，含芳烃多的，含胶质和沥青质多的润滑油密度就相对的最大，含环烷烃多的居中，含烷烃多的就会最小。

3. 黏度

黏度反映的是油品的内摩擦力，是表示油品油性和流动性的一项指标。在没有添加任何功能添加剂的条件下，黏度越大的时候，油膜的强度也就表示越高，其流动性能就会越差。

黏度指数表示油品黏度会随着温度变化的程度，黏度指数越高，表示

油品黏度会受到温度的影响越小，其粘温性能越好的时候，就会越差。

4. 闪点

闪点是表示油品蒸发性的一项指标，油品的馏分越低的时候，蒸发性能就会越大，其闪点也就越低。反之，油品的馏分越重的时候，蒸发性能也就越小，其闪点也就越高。同时，闪点又是表示石油产品着火危险性的重要指标。油品的危险等级是根据闪点来进行划分的，闪点一般在45℃以下就为易燃品，在45℃以上就为可燃品，在油品的储运过程之中严禁将油品加热到它的闪点温度。在黏度相同的情况之下，闪点越高就表示越好。所以，用户在选用润滑油的时候应该根据使用温度和润滑油的工作条件来进行选择。一般认为，闪点比使用温度高20℃～30℃，就表示可以安全地进行使用。

5. 凝点和倾点

在规定的冷却条件下油品停止流动的最高温度就叫凝点。油品的凝固和纯化合物的凝固也有不同之处。而油品并没有明确的凝固温度性，所谓"凝固"也只是作为整体来看失去了流动性而已，并不是所有的组分都变成了固体。润滑油的凝点则表示润滑油低温流动性的一个重要的质量指标。对于生产、运输和使用都有非常重要的意义。凝点高的润滑油不能够在低温的情况下来使用。相反，在气温较高的地区则没有必要使用凝点低的润滑油。因为润滑油的凝点越低的时候，其生产成本就表示越高，而造成比必要的资源消耗。一般说来，润滑油的凝点应该比使用环境的最低温度低5℃～7℃。但是还要特别注意的是，在选用低温润滑油的时候，应该结合油品的凝点、低温黏度以及粘温特性全面地进行考虑。因为低凝点的油品，其低温黏度和粘温特性也有可能会不符合要求。凝点和倾点都是油品低温流动性的重要指标，两者没有原则上的差别，只是测定方法会有所不同而已。同一油品的凝点和倾点并不完全的相等，一般倾点都高于凝点2℃～3℃，但是也会有所例外。

6. 酸值、碱值和中和值

酸值是表示润滑油中含有酸性物质的指标，单位是mgKOH/g。酸值分强酸值和弱酸值两种，两者合起来就为总酸值（简称TAN）。我们通常情况下所说的"酸值"，其实实际上就是指"总酸值（TAN）"。碱值是表示润滑油中碱性物质含量的指标，单位是mgKOH/g。碱值分为强碱值和弱碱值两种，两者合起来就是总碱值（简称TBN）。我们通常所说的"碱值"实际上是指"总碱值（TBN）"。中和值实际上包括了总酸值和总碱值。但是，除了一些有明确的注明之外，一般所说的"中和值"，实际上就是指"总酸值"，其单位也是mgKOH/g。

认识我们身边的石油

7. 水分

水分是指润滑油中含水量的百分数，通常是重量百分数。润滑油中有一定水分的存在，会破坏润滑油形成的油膜，就会使润滑的效果变差，从而加速有机酸对金属的腐蚀作用，锈蚀设备，使油品容易产生沉渣物质。总之，在润滑油中水分越少润滑油效果越好。

机械杂质是指存在于润滑油中不溶于汽油、乙醇和苯等溶剂的沉淀物或胶状悬浮物。这些杂质大部分是砂石和铁屑之类的物质，以及由添加剂带来的一些难以溶于溶剂的有机金属盐。通常情况下，润滑油基础油的机械杂质都控制在 0.005% 以下（机杂在 0.005% 以下被认为是无）。

8. 灰分和硫酸灰分

灰分是指在规定条件下，灼烧后剩下的不燃烧物质。灰分的组成一般被认为是一些金属元素以及其盐类。灰分对不同的油品也具有不一样的概念，对基础油或者是不加添加剂的油品来说，灰分可以用于判断油品的精制深度。对于加有金属盐类添加剂的油品（新油），灰分就成为定量控制添加剂加入量的主要手段。国外采用硫酸灰分来代替灰分。其方法是：在油样燃烧之后灼烧灰化之前加入少量的浓硫酸，这样使添加剂的金属元素就转化为硫酸盐。

9. 残炭

油品在规定的实验条件下，受热蒸发和燃烧后形成的焦黑色残留物称为残炭。残炭是润滑油基础油的重要质量指标，是为了能够判断润滑油的性质和精制深度而规定的项目。润滑油基础油之中，残炭的多少，不仅与其化学组成有关系，而且也与油品的精制深度有一定联系，润滑油中形成残炭的主要物质是：油中的胶质、沥青质以及多环芳烃。而这些物质在空气不足的条件之下，会受到强热的分解、缩合而形成残炭。油品的精制深度越深的时候，其残炭值就越小。一般情况来讲，空白基础油的残炭值越小就表示越好。现在，许多油品都含有金属、硫、磷、氮元素的添加剂，它们的残炭值也非常的高，因此含添加剂油的残炭已失去残炭测定的本来意义。机械杂质、水分、灰分和残炭都反映油品纯洁性的质量指标，反映了润滑基础油精制的某种程度。润滑油的生产过程主要以来自原油蒸馏装置的润滑油馏分和渣油馏分为主要的原料。在这些馏分之中，就是含有理想组分，也含有各种杂质和非理想组分。通过溶剂脱沥青、溶剂脱蜡、溶剂精制、加氢精制或者是酸碱精制、白土精制等工艺，除去或者降低形成游离碳的物质、低黏度指数的物质、氧化安定性差的物质、石蜡以及影响成品油颜色的化学物质等非理想组分，得到合格的润滑油基础油，在经过调和并且加入适当添加剂之后就会成为润滑油产品。

◎润滑油存储

桶装以及罐装的润滑油在可能范围内应该存储于仓库之中，以免受到气候的影响，已经打开桶的润滑油必须存储在仓库内。油桶放到卧室最为适宜，桶的两端均须用木楔楔紧，这样以防出现滚动的现象。除此之外应该经常检查油桶有无泄漏以及桶面上的标志是否清晰。如必须将桶直放的时候，宜将桶倒置，使桶盖向下，或者是将桶略微的倾斜，以免雨水聚集于桶面而淹盖了桶拴。水对任何润滑油都会有不好的影响。从表面上看来，水分不容易渗透完整的桶盖而进入油桶

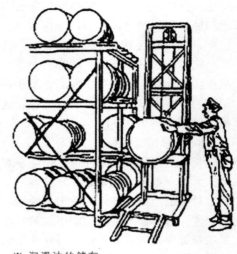

※ 润滑油的储存

之中，但是存储于户外的油桶，日间暴晒于烈日之下，夜间天气比较凉，在这种热胀冷缩的情况下就会严重影响桶内空气的压力；日间略高于大气压，夜间则接近于真空。这种日夜间压力的转变会产生"呼吸"效应，日间部分空气被"呼出"桶外，夜间空气又被"吸入"桶中，如果桶盖浸于水中，那么在夜间水分难免会随空气进入桶内，这样日积月累，混合油中的水自然相当可观。当取油的时候，应该将油桶卧置于一高度适当的木架上面，在桶面的盖口处配以龙头来放油，并且在龙头下放一容器，这样可以防止油滴溅。或者将油桶直放从桶盖口插入油管通过手摇泵来取油。散装油存储于油罐内难免会有凝结水份和污物掺进去，最终聚集于罐底就会形成一层淤泥状物质，使润滑油受到严重的污染。所以罐底设计以窝蝶形或者倾斜最为适宜，并且安装排泄旋塞，以便于按时将残渣排放出来。在可能范围之内，油罐内部应该定期的进行清理。温度对润滑脂的影响比对润滑油大，长期暴露于高温下（例如：阳光曝晒），可能使润滑脂中的油成分分离，所以润滑脂桶应该优先存储于仓库内，桶口向上竖放为最佳。盛放润滑脂的桶口比较大，污物与水则更容易渗入，取用之后应该立即将桶盖马上盖紧。

◎如何选择润滑油

发动机油按照发动机的形式可以分为汽油发动机和柴油发动机，发动机油也分为汽油发动机油和柴油发动机油，发动机油的品质分类采用 APIS 后跟一英文字母和 APIC 后跟一英文字母来分别表示汽油机油和柴油机油，后跟的字母排序越靠后就表示级别越高。如 APISH 级高于 APISG 级，因此在选用发动机油的时候一定要先确定是选用汽油机油还是柴油机油。如发动机油的包装上表示 APISH/CD，就表示该机油用作汽油机油级别达到 SH，用作柴油机油，则级别达到 CD。

※ 润滑油使用示意图

按照目前来讲，API 的级别都是向下兼容，APISL 质量级别的机油可以用于要求 APISH 机油的发动机。如果在条件允许的情况下，最好是尽量选用更高级别的发动机油，因为它能够对发动机提供更好地保护措施。一般来讲，发动机油的质量级别越高的时候，价格就表示

※ 车中加润滑油

越贵。但是不能够反过来讲。选择发动机油要根据车厂的说明书要求来确定使用相应的质量级别或者是更高的级别。选择发动机油还要来考虑季节的转变。因为油品的黏度会随着温度的变化而变化，冬天的黏度变稠，夏天黏度就会变低，所以在非常炎热的地区，尽量选择油品黏度稍高一点的机油来使用。在寒冷季节的时候，可以使用比较稀的机油。但是现在高质量的机油可以同时在多种气候条件下进行使用，经常重载或者比较老旧的车应该选择黏度较高的润滑油，这样可以避免由于润滑油黏度过低造成油

压过低，引起不必要的故障。另外要随时注意发动机水温和机油的压力，如果有异常就应该立即停车并且查找原因，排除故障之后就可以继续行驶。除此之外，路况对发动机油的选择影响并不大，但是路况在很大程度上也会影响到机油的寿命，路况较差的地区，应该缩短机油的换油周期。另外，新的发动机设计的要求，由于采用了电子控制燃油喷射、催化转换器、EGR、PCV 和涡轮增压、中冷等技术，发动机的工况更加的严苛，选用高质量级别的发动机油也可以延长发动机的寿命，并且降低燃油的消耗，减少磨损，延长换油的周期，并且节省机油，也节省不少的维修费用，同时也提高了效率。

　　高级别的发动机油其实可以替代低级别的，但是低级别的发动机油就不能够用来替代高级别的发动机油。现在市场上面机油品种也非常的多，两种不同品牌的机油最好不要混合起来进行使用，因为不同品牌的油采用的添加剂也有可能会不同，混用可能会造成油品的变质。如果一定要混用，可以先做两种油品的相容性试验，如果相容则可以，但是这样使用的话新的油品品质就会下降很多。

　　不同档次、不同牌号的机油，其中配方的组成也有所不同，如果是互不兼容，那么就会产生反应、沉淀等现象，对发动机也是没有好处的。所以，发动机用机油一定要严格、仔细、相对固定，不要过于频繁变换不同牌号和档次的机油，这样以避免损坏发动机。润滑油市场鱼龙混杂，一般情况下，只依靠外观很难区分发动机油的品质质量高低，因此购买机油的时候要注意应该尽量选择知名品牌的润滑油，尽可能到知名品牌的专卖店或者是网上商城来进行购买，根据 API 表示的机油质量等级来辨别品质高低。油的包装上生产厂家的地址、生产日期、批号是否比较的完整、清晰的。

拓展思考

1. 润滑油在什么情况才会用到？
2. 润滑油的成分有哪些？
3. 汽车如果没有润滑油会怎样？

认识我们身边的石油

石油蜡

Shi You La

石油蜡被称为一种固态烃，主要成分为石蜡。它存在于原油、馏分油和渣油中，具有蜡的分子结构，熔点为 30℃～35℃。

※ 石油蜡

◎石蜡油的产生

石油的成分有很多种，一般成分中都含蜡。自从人类发现石油到开采以来，就无时无刻不与蜡进行打交道。蜡在油管道中的聚积是石油工业中最令人头痛的问题。根据 20 世纪 80 年代后期不完全的统计，仅美国每年用于清除油井结蜡的这项费用就高达 600 万美元。所以蜡也是石油科技工作者长期探讨的课题之一。在油田还没有被开发的时候，原油就被埋在地层中的，而这个时候是处于高温、高压的条件之下，原油大多呈单相液体存在，蜡是完全溶解在原油之中的。在油层的开发过程中，当原油从油层流入井底的时候，再从井底沿井筒举升到井口的时候，就会随着压力、温度降低到一定程度后，蜡就从原油中分离出来，形成的结晶颗粒在一定条件下聚积最后增大，并且不断地黏结在油管壁上，这样就形成了油井的结蜡。

※ 石油蜡

　　科学家经过调查，已经探明的世界各个油田，发现了一个十分有趣的现象，即高含蜡原油很少产自世界最丰富的油产地区，例如中东、马拉开波湾、墨西哥、美国得克萨斯等地。而地球各大洲的一些特定区域，包括我国的一些油区的第三系，原油中的含蜡量就比较的丰富。

　　能够出产高蜡原油的地层具有以下几个方面的特征：（1）基本上都是砂泥质岩系；（2）所有岩系均在低含盐或者是半含盐环境中形成的；（3）大多数地层都含有煤层、油页岩或其他高碳质的沉积物；（4）生油层大多形成于靠近陆地边缘的湖泊、海湾以及三角洲地区；（5）蜡与硫之间互相不容，即使在产出高蜡原油的地层中含硫量也非常的低，产出高含硫原油的层系中含蜡量比较低。人们也终于能够认识到，高含蜡原油反映了某类生油物质的影响，这些物质主要来源于淡水、低含盐的水体和沿海沉积环境之中。例如，我国东部大部分油田就形成于这类沉积的环境，所以有很多的高含蜡。高含蜡原油几乎不产于广阔海洋的正常海相沉积物之中，这一点，在我国西北地区古生代低层油藏中也有所验证。高含蜡原油主要生成在第三纪、白垩纪和石炭纪时期的地层之中，这些地质历史时期正是陆生生物最频繁旺盛的时期。所以有理由相信在地区历史中，生油物质至少会有一部分为陆源植物物质，而且正是因为它们才使原有的蜡质开始大大地增加。

◎油田除蜡方法

因为每个油田的情况有所不同，所以蜡的性质也会有所不同，在常规原油开采过程中，除去蜡的方法主要有：机械方法、热力学方法及化学方法等。但是近几年以来，人们又摸索出一些新的除蜡方法。有一种间接的除蜡方法，可以利用太阳能来进行二次的采油。它是在井口将采出的原油进行加热，然后再将一部分加热了的原油注回油层之中去，从而降低了油层中剩余原油的黏度，使这部分的原油容易进行开采、泵送和处理加工。首先，科技人员会利用太阳能（也可以利用地热等其他低价能量）加热原油储罐内密闭的换热盘管中的循环工作液体，工作液体将热能传递给储罐中的原油。然后，再将已经加热的原油泵入油层中，加热油层中剩余的原油，使其黏度逐渐地下降，这样可以提高原油的采收率。但是需要指出的是，这种储油罐通常位于一口或者多口生产井的附近，用于临时储存从油井输出的原油。现在的阶段来看，我国的油井大多数还是使用传统的刮蜡器的方法进行除蜡，不仅费时而且比较的费工，效率还达不到指标。而国外一些油田，目前已经开始采用商品化的细菌制品，来控制油井的结蜡。在生产实践的过程中，人们将固态的或者是液态的细菌制品注入到适合的油井井底中，使细菌在那里生长繁殖并且不断地氧化原油中的蜡质组成部分，同时产生有机酸等中间代谢产物，以减少原油中的蜡质含量，增加蜡质组分在原油中的溶解度，从而可以达到能够控制油井结蜡的主要目的。

◎地蜡

地蜡又被称为微晶形蜡，是从原油蒸馏所得的浅渣润滑油料经溶剂脱蜡、蜡溶剂脱油和精制而得的微细晶体，也可以从天然矿地蜡以及沉积在含蜡石油油井管壁、原油储罐和输油管线中的固体物质中制得。地蜡的成分比石蜡要复杂些，与原油的有所不同，除了正构烷烃之外，还包含有不同数量的多支链异构烷烃以及环状的化合物。烃类分子的碳原子数大约为40～55（平均分子量大于450）。并且具有良好的触变性质，不容易脆裂，防湿、密封、粘附性和电绝缘性好。并且含有少量油的提纯地蜡的滴点（在标准设备中加热熔化开始滴下的温度）为 67℃～80℃。经常用于电信

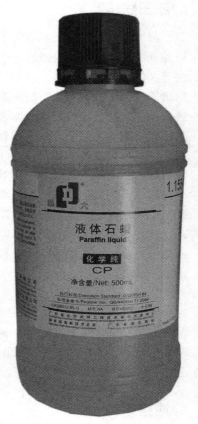

元件绝缘、铸造模型（蜡模）、产品密封、地板蜡等。滴点为 62℃ 的地蜡，掺入甘油等辅料，可以用于制造润面油、发蜡、冷香脂等。地蜡经过适度氧化之后可以用作巴西棕榈蜡的代用品的成分。

◎液体石蜡

液体石蜡原油蒸馏所得的煤油或者是轻柴油馏分经分子筛脱蜡或尿素脱蜡制得的液态正构烷烃。熔点低于 27℃，碳原子数大约为 10～18（平均分子量 150～250），其主要用于生产烷基苯磺酸盐、烷基磺酸盐、烷基硫酸盐以及非离子型合成的洗涤剂，经常用于氧化生产的高级醇，也可以作为生产石油蛋白的原料。

◎石蜡

晶形蜡也被称为石蜡，是从原油蒸馏所得的润滑油馏分经溶剂精制、溶剂脱蜡或者经过蜡冷冻结晶、压榨脱蜡制得的蜡膏，然后再经过溶剂脱油或者是发汗脱油，并且补充精制制得的片状或针状的结晶，主要成分为正构烷烃，也有少量会带个别支链的烷烃和带长侧链的环烷烃。烃类分子的碳原子数大约为 18～30（平均分子量 250～450）。主要质量指标为熔点和含油量，熔点表示耐高温的能力如何，含油量则表示纯度。根据加工精制程度有所不同，可以分为全

※ 液体石蜡

精炼石蜡、半精炼石蜡和粗石蜡三种。每类蜡又可以根据熔点（一般每隔 2℃）分成不同的品种。其中全精炼石蜡和半精炼石蜡用途最为广泛，主要用作食品以及其他商品的组成部分及包装的材料，烘烤容器的涂敷料、化妆品的原料，并且还可以用于水果保鲜、提高橡胶抗老化性和增加柔韧性、电器元件绝缘、精密铸造、铁笔蜡纸、蜡笔、蜡烛、复写纸等。因为粗石蜡含油量比较多，主要用于制造火柴、纤维板、篷帆布等。含油量

4%～6%的石蜡，又被称为时皂用蜡，并且用于氧化生产合成的脂肪酸中。石蜡的另一用途是经裂化生成 α-烯烃。在石蜡中加入聚烯烃添加剂之后，其中的熔点会有所提高，粘附性和柔韧性就会增加，而且广泛用于防潮、防水的包装纸、纸板、某些纺织品的表面涂层和蜡烛的生产。通常使用在添加剂是分子量 1 500～15 000 的聚乙烯，或者是分子量 3 500～40 000 的聚异丁烯，添加量 0.5%～3%。

◎石油脂

石油脂是一种含有石蜡，为油膏状半固体。习惯上将没有精制的称为石油脂，精制之后就被成为凡士林。商品石油脂滴点为 55℃，用于制造提纯地蜡或者是用以润滑脂。商品凡士林中的医药用凡士林是经过发烟硫酸-白土法或者加氢精制法深度精制才成的，滴点约 40℃～54℃，用于配制药膏之中。工业上使用凡士林精制深度比较的浅，用于金属防锈或者是作为润滑脂。

◎石油蜡的后期制作

由含蜡馏分油或者是渣油经过加工精制得到的一类石油产品，包括石蜡、地蜡、液体石蜡、石油脂，等等。目前，石油蜡大约占蜡的总耗量的90%，其余都为动植物蜡（如蜂蜡、羊毛蜡等，主要组成为高级脂肪酸和醇化合成的酯类）。

拓展思考
1. 石油蜡主要用于哪？
2. 石油蜡使用的是什么原理？
3. 石油蜡对人体有害吗？

认识我们身边的石油

石油沥青

Shi You Li Qing

石油沥青是原油加工过程的一种产品，在常温的条件下是黑色或者黑褐色的粘稠液体、半固体或固体，主要成分含有可以溶于三氯乙烯的烃类以及非烃类衍生物，其性质和组成都随原油来源和生产方法的改变而改变。

◎石油沥青生产方法

1. 蒸馏法

蒸馏法是将原油经常压蒸馏分出汽油、煤油、柴油等轻质的馏分，再经过减压蒸馏（残压 10～100 毫米/砾柱）分出减压馏分油，剩下的残渣符合道路沥青规格的

※ 石油沥青

时候就可以直接进行生产出沥青的产品，所得都是沥青也称为直馏沥青，是生产道路沥青的主要方法。

2. 氧化法

氧化法是在一定范围的高温下向减压渣油或者脱油沥青吹入空气，使其组成和性能发生变化，所得的产品称为氧化沥青。减压渣油在高温下和吹空气的作用下会产生汽化的蒸发，同时还会发生脱氢、氧化、聚合缩合等一系列的反应。这是一个多成分并且彼此之间相互影响的十分复杂的综合反应过程，而不仅仅是发生氧化的反应，但是习惯上称为氧化法和氧化沥青，也有称为空气吹制法和空气吹制沥青。

3. 溶剂沉淀法

非极性的低分子烷烃溶剂对减压渣油中的各成分具有不同的溶解度，利用溶解度的差异可以实现成分分离，因而可以从减压渣油中除去对沥青性质不利的成分，生产出符合规格要求的沥青产品，这就是溶剂沉淀法。

4. 乳化法

沥青和水的表面张力差别很大，在常温或者是高温的情况下都不会互

相混溶。但是当沥青经过高速离心、剪切、从击等机械作用，使其成为粒径 0.1～5 微米的微粒，并且分散到含有表面活性剂（乳化剂——稳定剂）的水介质之中，由于乳化剂能够定向吸附在沥青微粒的表面，因此就降低了水与沥青的界面张力，使沥青微粒能够在水中形成稳定的分散体系，这就是水包油的乳状液。这种分散体系呈茶褐色，沥青为分散相，水为连续相，常温下具有良好流动性。从某种意义上说乳化沥青是用水来"稀释"沥青，因而改善了沥青的流动性。

5. 调合法

调合法生产沥青最初指由同一原油构成沥青的四种成分按质量要求所需的比例重新调和，所得的产品称为合成沥青或重构沥青。随着工艺技术的发展，调和组分的来源得到扩大。例如，可以从同一原油或不同原油的一二次加工的残渣或组分以及各

※ 沥青用来铺路

种工业废油等作为调和组分，这就降低了沥青生产中对油源选择的依赖性。随着适宜制造沥青的原油日益短缺，调合法显示出的灵活性和经济性正在日益受到重视和普遍应用。

◎改性沥青

现代公路和道路发生了很多的变化：交通流量和行驶频率急剧地增长，货运车的轴重量也在不断地增加，普遍实行分车道单向的行驶，并且要求以进一步提高路面抗流动性能，在高温的情况下抗车辙的能力；提高柔性和弹性，即低温下抗开裂的能力；提高耐磨耗能力和延长使用的寿命。现代建筑物普遍都采用大跨度预应力屋的面板，并且要求屋面防水材料适应大位移，更加受耐高低温气候条件，耐久性能比较好，有自黏性能，也方便进行施工，减少维修的工作量。使用环境发生这些变化对石油沥青的性能也提出了非常严峻的挑战。对石油沥青的改性，使其适应提出的要求，引起了人们的关注。经过数十年研究开发，已经出现品种繁多的改性道路沥青、防水卷材和涂料，表现出一定的工程实用效果。但是鉴于改性后的材料价格通常比普通石油沥青要高 2～7 倍，所以用户对材料工

程性能还没有能充分的把握，改性沥青产量增长也缓慢。目前改性道路沥青主要用于机场的跑道、防水桥面、停车场、运动场、重交通路面、交叉路口和路面转弯处等一些特殊场合的铺装应用之中。近年来欧洲将改性沥青应用到公路网的养护和补强上面，并且较大地推动了改性道路沥青的普遍应用现象。

※ 高速公路要使用不同的沥青

改性沥青防水卷材和涂料主要用于高档建筑物的防水工程之中。随着科学技术进步和经济建设事业的不断发展，将进一步推动改性沥青的品种开发和生产技术的发展进步。改性沥青的品种和制备技术也取决于改性剂的类型、加入量和基质沥青（即原料沥青）的组成和性质。由于改性剂品种比较繁多，形态也是各异，为了使其与石油沥青形成均匀的可供工程实用的材料，多年以来评价了各种类型的改性剂，并且开发出相应的配方和制备方法，但是多数工程实用的改性沥青属于专利技术和专利的产品。

◎石油沥青主要用途

其主要的用途是作为基础建设材料、原料和燃料，应用范围就像交通运输（道路、铁路、航空等）、建筑业、农业、水利工程、工业（采掘业、制造业）、民用等各部门之中，是一种用途非常广泛的材料。

▶知识窗

沥青在生产和使用的过程之中可能需要在储罐内进行保温贮存，一旦处理的不适当，并且沥青也可以重复的加热，并且可以在较高温度的情况下保持相当长的时间而不会使其性能受到严重的损害。但是如果一旦接触氧、光和过热就会引起沥青变得硬化，其最显著的标志就是沥青的软化点开始上升，针入度逐渐下降，延度开始变差，使沥青的使用性能受到一定的损失。

◎石油基彩色沥青

千万不要认为沥青只有一种颜色，沥青还有彩色状。石油基彩色沥青系列，具有色彩鲜艳并且细腻，粘附性能也比较的优异，回弹性能很好等特点，并且可以满足在不同的气候条件之下对彩色沥青铺面的技术要求。因为丰富的色彩选择，优良的理化以及路用的性能，可以广泛地应用于公园、广场、操场和景观区等其他场所，起到美化环境，尽显自

※ 彩色沥青

然的情趣；也可以用于十字路口、人行横道以及事故多发的地段，能够方便运行管理，维护交通安全，具有审美观和实用性的双重功效。其产品性能与特点：其有很好的高温稳定性、低温抗裂性、抗水害及耐久性，粘附性优异、弹性恢复率高。并且具有优越的性能价格做对比，色彩比较鲜艳、耐用、易修、健康。使用方法：拌和温度一般不超过 180℃，选用和石油基彩色沥青颜色相近或者是浅色的拌和石料，拌和的时候摊铺设备要求清洁干净，其他施工的方法和中交通道路沥青的条件基本上是相同的。

◎中国石化行业的发展现状

在 2008 年的时候中国石化行业经济运行呈现先高后低的趋势：前 8 个月的时候经济运行保持两位数开始增长，从 9 月开始，就受到金融危机的严重影响，开始大幅度地下滑，11 月份增长就接近了零点，12 月份就出现了很多年罕见的负增长现象，全行业景气周期由 10 年来的高增长转为下行通道。在 2009 年的时候，国内外石化市场受到很多不确定因素的影响增多。全球金融危机从虚拟经济向实体经济、从发达国家向新兴经济体和发展中国家开始蔓延，并且波及范围非常广泛、影响程度也很深、扩散速度之快超出人们的想象，对中国经济影响在 2009 年将进一步显现。但是国家实施的促进消费等一系列拉动内需政策，为石油化工行业提供了更大的发展空间。特别是国家支持支柱产业的振兴规划，减轻了企业税费的负担状况，启动了一批技术改造的项目，并且保护骨干企业、重要产品和生产能力，石油、煤炭、钢铁等基础原材料价格的下降趋势，为了能够降低炼油成本和项目建设成本，以此来提高盈利的空间，为石化行业应对挑战又提供了更有力度的支撑和更为有利的机遇。经过历史表明，在每次经过危机之后，都会出现大幅度利益的调整，格局会有很大的变动。而每

一次大的外部冲击，都会演化为中国经济迈上新台阶的促动力。预计，在未来的 3～5 年的时间，中国石化行业将迎来新一轮的大发展。未来时期内，石化产业增长速度将与国民经济总体发展速度相协调，增加值年均增长 15％左右，到 2011 年增加值达到 1.75 万亿元，产业结构和布局调整基本达成，工业增加值增速达到 20％，中国的石化行业将会迈向新一轮的发展。

◎为什么有的马路在夏天会发软

俗话说得好"要想富，先修路"，可见道路对经济的发展非常重要。人们天天都在柏油马路上行走，可是不一定都知道马路上铺的是什么材料。过去的时候人们说的所谓"柏油"多半是从煤里得到的，学名就叫做煤沥青。因为煤沥青中含有大量的致癌物质，所以对于施工人员的健康危害非常大，之后就全部改用从石油中提取的石油沥青了。这种铺装沥青的路面，有的时候也被叫做黑色路面。人类用石油沥青铺路的历史可以追溯到三四千年以前，考古工作者发现在古代的巴比伦（现伊拉克所在地）就有人开始使用石油沥青进行了铺路。石油沥青是石油里最重的成分，并且也是原油加工的一种产品，可以根据提炼程度的不同，在常温的情况下看起来是黑色或者是黑褐色的粘稠液体，半固体或固体。有的沥青则是非常的硬，而有的就比较的软，在挤压之下就会变形。当温度升高的时候沥青就会变得非常软，成为黏稠的流体。用沥青铺马路的时候，先要把它加热到能够流动的程度，再趁热把它和沙子以及大小不同的石子混合起来进行搅拌均匀。然后把这种混合料摊铺到路基上面，紧接着再平整的压实，这样就定型为沥青混凝土的路面了。

那么是不是不管什么样的沥青都可以拿来铺成质量很好的道路呢？也不全是这样的。就像汽油、柴油一样，石油沥青也有自己不同的品种和牌号。按照外观形态可以分为：液体沥青、固体沥青、乳化液、改性体等；按照生产方法可以分为：氧化沥青、调和沥青、乳化沥青、改性沥青等；从用途上进行分类，除了有道路沥青之外，还有建筑沥青、防水防潮沥青，以及按用途或者功能命名的各种专用沥青，就像管道防腐沥青、油漆沥青等。

石油沥青牌号主要是根据针入度、延度以及软化点指标来进行划分的，并且以针入度值来表示。单从高等级的道路沥青来讲，我国就有按照用途或者是功能命名的各种专用的沥青，比如 130 号、110 号、90 号、70号和 50 号五个牌号。这些数字表示的就是沥青在 25℃下的"针入度"。

牌号越大的时候，相应的针入度就表示愈大，黏性就表示愈小，延度愈大，软化点愈低，使用年限就更长些。就像所谓针入度，就是在 25℃ 条件之下，用一根负重 100 克的标准针向沥青试样进行插去，在 5 秒的时候它能插进沥青的深度（以 1/10 毫米定为一度）。这样就很容易想到，当沥青变得软的时候，它的针入度就会越大，而沥青越硬的时候，它的针入度也就越小。那么为什么道路沥青要分那么多牌号呢？原因就是因为道路沥青是露天使用的，所以必须要考虑气温的影响。我国的地缘比较辽阔，南北温差也相对较大。南方常年在零度以上，最高温度会接近 40℃，而北方冬季的温度最低会降到零下 40℃。因此，在北方可以用针入度比较大的，也就是比较软的沥青进行铺路；而在南方就要使用针入度比较小的沥青铺路，如果不这样的话，在夏季的炎炎烈日下路面就会变得非常软，以至于路面会被车轮子压出一道道车辙，这样就会缩短道路的寿命，浪费资源。

◎把普通的沥青铺在高速公路上行不行

在我国想要发展国民经济，交通必须是要点，尤其是在西部大开发的进程之中，发展交通更是刻不容缓的事情。为此，我国将在 30 年之内建成覆盖全国的高速公路网，其中包括 7 条首都放射线、9 条南北纵向线和 18 条东西横向线，总长达 8.5 万千米。而这样的话，就需要生产和使用大量的优质沥青。

那么为什么高速公路上铺的沥青质量要求就相当高呢？这就要从高速公路路面的工作条件来说起了。高速公路上除了小轿车之外，基本上是载重的汽车，也有不少是装有几十吨货物的集装箱汽车，所以路面必须要能够承受住较重的负荷。既然作为高速公路，那么车子在道路上行驶的速度就相当快了，一般每小时就得跑 100 千米左右。再说，高速公路上面一般车流量也比较的大。这就要求路面上的沥青要能够长期反复地承受负重车轮的碾压而且不会因为疲劳而变形，更不会形成一道道的车辙。还应该考虑路面的温度，在夏季烈日的暴晒之下地面温度就会高达 50℃ 以上，在北方冬季则会低至零下 10℃ 左右，甚至会更低些。质量不好的沥青在这样的条件之下就会很容易老化并且进而缩裂，裂缝里一旦进水之后，那就会加速路面上沥青的剥落。高速公路上行驶的车辆速度非常快，要求路面平整，假如出现不平甚至是坑坑洼洼的情况之后那么后果是不堪设想的。建设一条高速公路需要投入很多的资源，一般要求它能够正常使用 15～20 年之内不会进行大修，假如频繁需要整修的话，那么不仅是浪费钱，

第二章　石油是黑色的金子
SHIYOUSHIHEISEDEJINZI

还会使交通的大动脉受到阻力。这就对所使用的重交通道路沥青提出更苛刻的要求，必须对其抗老化性能等制定一系列更加严格的质量指标。总之，把普通道路沥青铺在高速公路上是绝对行不通的，不用多久就会出现分崩离析、全面崩溃的现象。此外，车辆在高质量沥青铺就的平整的路面上行驶，不仅可以节省燃料和也可以延长车子的使用寿命。

在现在飞机场里面的跑道一般铺装的也都是沥青路面。飞机能够安全的起飞和降落是人命关天的大事，所以一定要使用专用的机场跑道沥青，这样才能够使跑道长期保持平整，不容易发生变形，也不会出现轮辙的现象。

沥青路面会出现开裂、坑槽、起鼓、松散等一些病害，不仅会影响道路的使用寿命，同时也会加大汽车磨耗甚至危及行车的安全。原因不外乎是：材料、施工工艺、施工作业、道路使用不当等一些问题。生产重交通道路沥青的关键是要选择合适的原料。假如原油的性质适合，就有可能经过加工得到重交通道路沥青。假如原油的性质并不合适，虽然也可以设法生产，但是需要采用一系列比较复杂的加工和调和过程，那样成本就相对高了。我国新疆、辽河和渤海油田就有比较适合生产重交通道路沥青的原油。

现代公路交通流量比较的大，行驶速度也变得快，要求进一步提高路面抗流动性能，即高温下抗产生车辙的能力；提高柔性和弹性，即使是低温下抗开裂能力，提高耐磨耗的能力，因此出现了各种改性道路的沥青。其特性都取决于改性剂类型、加入量和基础沥青的组成和性质。其中把合成橡胶之类高分子聚合物加入到沥青之中去应用较普遍。用改性沥青铺的路面即使在高温之下也会不容易形成车辙，在低温下不容易缩裂，长期反复受压也不容易因为疲劳而出现裂纹，使用寿命就会延长。但是多数已经工程实用的改性沥青属于专利技术和产品。

拓展思考

1. 沥青是用石油的哪些方面制作成的？
2. 每年沥青的使用量是多少？
3. 沥青中的物质对人体有害吗？

认识我们身边的石油

石油焦

Shi You Jiao

石油焦是原油经过蒸馏将轻重质油分离之后，重质油再经过热裂的过程，转化而形成的产品，从基本外观上来观看，焦炭的形状为不规则形，大小不一的黑色块状（或颗粒），有金属的光泽，焦炭的颗粒具有多孔隙的结构，主要的元素组成为碳，占有 80wt%（WT 是 Weight 的英文缩写就是重量百分含量的意思）以上，其余的为氢、氧、氮、硫和金属元素。石油焦也具有其特有的物理、化学性质以及机械性质，其本身就是发热部份的不挥发性碳，挥发物和矿物杂质（硫、金属化合物、水、灰等）这些重要的指标就决定焦炭的化学性质。

※ 石油焦

◎石油焦简介

渣油经过延迟焦化加工制得的一种焦炭，本质是一种部分石墨化的碳素的形态。颜色比较黑并且孔多，呈堆积颗粒状石油焦，不能进行熔融。元素组成主要为碳，间也含有少量的氢、氮、硫、氧和某些金属元素，有的时候还会带有少量的水分，并且广泛地应用于冶金、化工等工业作为电极或者是生产化工产品的主要原料。

◎石油焦性状

石油焦的形态也会随着制程、操作条件以及进料性质的不同会有不一样的差异，从石油焦工场所生产的石油焦均被称为生焦，并且含有一些没有碳化的碳烃化合物的挥发成分，生焦就可以当做燃料级的石油焦，如果要做炼铝的阳极或者是炼钢用的电极，那么就需要再经过高温进行煅烧，使其完全地进行碳化，以此来降低挥发份以到达最少的程度。大部份石油焦工场所生产的焦外观都为黑褐色并且多孔固体不规则的块状，此种焦又被称为海绵焦。第二种品质比较佳的石油焦叫做针状焦与海绵焦

※ 石油焦性状

相比，由于其具有较低的电阻以及热膨胀的系数，所以更适合做电极用。有的时候另一种坚硬石油焦就会产生，称之为球状焦。这种焦形就像弹丸，表面积比较少，不容易进行焦化，所以用途并不算多。

知 识 窗

· 石油焦加工工艺 ·

石油焦是以原油经过蒸馏后的重油或者是其他重油为原料，以高流速通过500℃的高温加热炉的炉管，使裂解和缩合反应在焦炭塔内进行，再经过生焦到一定时间冷焦、除焦就可以生产出石油焦。

◎石油焦分类

石油焦的形态随着制程、操作条件以及进料性质的不同因此也会有所不同。从石油焦工场所生产的石油焦都被称为生焦，并且含有一些并没有碳化的碳烃化合物的挥发份，生焦就可以当做燃料级的石油焦，如果要做炼铝的阳极或者是炼钢用的电极，那么就需要再经过高温来进行煅烧，使其能完成地碳化，降低挥发份达到最少的程度。大部份石油焦工场所生产的焦外观为黑褐色多孔固体并且不规则的块状，此种焦又被称为海绵焦。第二种品质较佳的石油焦叫做针状焦与海绵焦进行对比，由于其具有较低的电阻以及热膨胀系数，所以更适合用来做电极。有的时候另一种坚硬石油焦亦会产生，称之为球状焦。这种焦形就像弹丸，表面积较少，不容易进行焦化，所以其用途也并不算多。石油焦具有其本身特有的物理、化学性质以及机械性质，本身是发热部分的不挥发性碳，挥发物和矿物杂质

（硫、金属化合物、水、灰等）这些指针决定焦炭的化学性质。物理性质中孔隙度以及密度，决定着焦炭的反应能力和热物理的性质。机械性质有硬度、耐磨性、强度以及其他机械特性，颗粒组成以及其他加工和运输、堆放、储存等性质影响的情形。

◎石油焦通常有下列四种分类方法

如果按照加工方法可以分为生焦和熟焦。生焦由延迟焦化装置的焦炭塔得到，又被称为原焦，并且含有较多的挥发成分，强度差；熟焦是生焦经煅烧（1 300℃）处理得到，又称煅烧焦。

按照硫含量的高低可以分为高硫焦（硫的质量含量高于 4％）、中硫焦（硫含量 2％～4％）和低硫焦（硫含量低于 2％）。焦炭的硫含量主要取决于原料油的含硫量。如果硫含量增高的话，焦炭质量也会有所降低，其用途也会随之而进行改变。

按照显微结构形态的不同，可以分为海绵焦和针状焦。海绵焦多孔就像是海绵状，又称普通焦。针状焦比较密就像是纤维状，又称优质焦；在性质上与海绵焦有着非常显著的差别，具有高密度、高纯度、高强度、低硫量、低烧蚀量、低热膨胀系数以及良好的抗热性能等特点；在导热、导电、导磁和光学上都有非常明显的各向异性；孔大而且比较少，略呈椭圆的形状，破裂面有清晰的纹理结构，触摸的时候有润滑感。针状焦主要是以芳烃含量高、非烃杂质含量则就比较少的渣油来制得。

石油焦按照不同的形态，可以将其分为针状焦、弹丸焦或者是球状焦、海绵焦、粉焦四种。（1）针状焦：具有明显的针状结构和纤维纹理，主要作用是炼钢中的高功率和超高功率石墨电极。（2）海绵焦：含硫量比较高，并且含水率也很高，表面比较的粗糙，而且价格也很高。（3）弹丸焦或球状焦：形状呈圆球形，直径 0.6 毫米～30 毫米，因为表面光滑所以含水率比较的低。一般是由高硫高沥青质渣油生产，只能够用于发电，水泥等工业的燃料。（4）粉焦：径流态化焦化工艺生产，其颗粒在（直径0.1 毫米～0.4 毫米）挥发份高热膨胀系数高，但是不能够直接用于电极制备和碳素的行业。

◎抗热震性

指焦炭制品在承受突然升至高温或从高温急剧冷却的热冲击时的抗破裂性能。针状焦的制品有好的抗热震性，因而有较高的使用价值。热膨胀系数代表这种性能。热膨胀系数愈低，则抗热震性愈好。

◎纯度

纯度指石油焦中硫以及灰分等的含量。高硫焦炭会导致制品在石墨化的时候发生气胀，会造成碳素制品的裂缝。高灰分会阻碍结构的结晶，并且会影响碳素制品的使用性能。

◎结晶度

※ 洁净度

洁净度指焦炭的结构和中间相小球体的大小。小的小球体形成的焦炭，结构多孔就像海绵状，大的小球体形成的焦炭，结构比较的密就像是纤维状或者是针状，其质量较海绵焦优异。在质量指标之中，真密度粗略地代表了这种性能，真密度高就表示结晶度比较好。

◎颗粒度

颗粒度就是反应焦炭中所含粉末焦和块状颗粒焦（可用焦）的相对含量。粉末焦大多数是在除焦和贮运过程中受到挤压摩擦等机械作用破碎而形成的，所以其含量大小也是一种机械强度的表现。生焦经过煅烧成熟焦之后就可以防止破碎。颗粒焦多、粉末焦少的焦炭，使用的价格相对比较高。

石油焦可以视其质量并且用于制石墨、冶炼和化工等工业之中。低硫、优质的熟焦例如针状焦，其主要用于制造超高功率石墨电极和某些特种碳素的制品中；在炼钢工业中针状焦是发展电炉炼钢新技术的一种重要材料。中硫、普通的熟焦，被大量用于炼铝的行业中。高硫、普通的生焦，则被用于化工的生产中，比如制造电石、碳化硅等，也有作为金属铸造等用的一些燃料。中国生产的石油焦，大部分的时候属于低硫焦，主要用于炼铝和制造石墨中。石墨电极另主要用于制取碳素的制品，就像石墨电极、阳极弧，提供炼钢、有色金属、炼铝之用；制取碳化硅的制品，比如各种砂轮、砂皮、砂纸等；制取商品电石供制作合成纤维、乙炔等产品中；也可以作为燃料，但是做燃料用的时候就需要用分级式冲击磨来进行超微粉碎，通过 JZC-1250 设备制成焦粉后才能够进行燃烧，目前用焦粉做燃料的主要是些玻璃厂、水煤浆厂等之类。

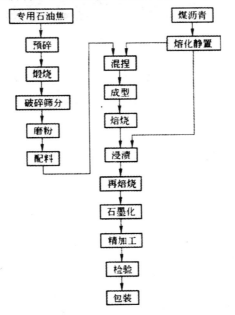

※ 沥青的制作工艺

| 拓展思考 |

1. 石油焦主要用于哪些方面？

2. 石油焦易熔吗？

3. 石油焦的种类有哪些？

液化石油气和化工轻油

Ye Hua Shi You Qi He Hua Gong Qing You

想知道什么是液化石油气吗？液化石油气主要是可以用作石油化工的原料，用于烃类裂解制乙烯或者是蒸汽转化制合成气中，也可为工业、民用、内燃机的燃料。其主要质量是控制指标为蒸发残余物和硫含量等，有的时候也控制烯烃的含量。液化石油气是一种比较容易燃物的物质，如果在空气中含量达到一定浓度的时候，遇到明火就会立即爆炸。

※ 液化石油气

◎主要成分

液化石油气是炼油厂在进行原油催化裂解与热裂解的时候所得到的副产品，催化裂解气的主要成分如：氢气5％～6％、甲烷10％、乙烷3％～5％、乙烯3％、丙烷16％～20％、丙烯6％～11％、丁烷42％～46％、丁烯 5%～6%，含 5 个碳原子以上的烃类 5%～12%。而热裂解气的主要成分如：氢气 12%、甲烷 5%～7%、乙烷 5%～7%、乙烯 16%～18%、丙烷 0.5%、丙烯 7%～8%、丁烷 0.2%、丁烯 4%～5%、含 5 个碳原子以上的烃类 2%～3%。这些碳氢化合物都比较容易进行液化，只要将它们压缩到只占原体积的 1/250～1/33，并且储存在耐高压的钢罐之中，使用时拧开液化气罐的阀门，就可以使用液化石油气。

　　燃性的碳氢化合物气体就会通过管道然后进入燃烧器之中。当点燃之后就会形成淡蓝色的火焰，在燃烧的过程会产生大量的热量。并且可以根据需要，调整火力的大小，使用起来不仅方便而且非常卫生。液化石油气虽然使用很方便，但是同样存在不安全的隐患。万一管道漏气或者是阀门没有关严，那么液化石油气就会向室内进行扩散，当含量达到爆炸极限（1.7%～10%）的时候，遇到火星或者电火花就会产生爆炸的现象。为了提醒人们能够及时发现液化气是否有泄漏的现象，加工厂经常向液化气中混入少量有恶臭味的硫醇或者硫醚类的化合物。如果一旦发生液化气泄漏的现象，闻到这种气味的时候应该立刻采取相应的措施。

知识窗

·特点·

　　你还不知道什么是 LPG，其实 LPG 是指经高压或低温液化的石油气，简称"液化石油气"或"液化气"。其组成是丙烷、正丁烷、异丁烷及少量的乙烷、大于碳 5 的有机化合物、不饱和烃等。LPG 具有比较容易燃烧燃和爆性、气化性、受热膨胀性、滞留性、带电性、腐蚀性以及窒息性等特点。LPG 主要是由丙烷（C_3H_8）、丁烷（C_4H_{10}）组成的，有些 LPG 还含有丙烯（C_3H_6）和丁烯（C_4H_8）。LPG 一般是从油气田、炼油厂或者乙烯厂石油气中来获得的。

◎发展情况

　　在 2005 年的时候，中国 LPG 总产量、商品产量、商品消费量、总消费量比 2004 年有一定的增长，而且进口量、出口量都有所下降。其中 LPG 总产量为 1 473.36 万吨，比 2004 年增长 5.4%；商品产量为 1 353.4 万吨，比 2004 年增长 5.9%；商品消费量为 1 964.93 万吨，比 2004 年增长 2.7%；总消费量为 2 084.81 万吨，比 2004 年增长 2.5%；进口量为 614.12 万吨，比 2004 年减少 3.8%；出口量为 2.67 万吨，比 2004 年减少 16.3%。在 2006 年的时候，中国 LPG 总消费量与商品消费量分别为 2 133.69 万吨和 2 019.12 万吨，目前已经成为世界上第二大 LPG 的消费大国。同时，国内 LPG 的产量也开始稳定地增加，2006 年总产量为

1613.7 万吨，已经位居世界第三位。国内市场需求的减少与自主产量的增加，使中国 LPG 进口市场已经遭受了严重的挤压，并且出口量开始大幅地增加。

◎污染少

LPG 是由 C3（碳三）、C4（碳四）组成的碳氢化合物，并且可以全部的进行燃烧，也没有粉尘的污染。在现代化城市中应用非常的广泛，可以大大的减少过去以煤、柴为燃料造成的各种污染。

◎发热量高

同样重量的 LPG 发热量是煤发热量的 2 倍，液态发热量为 45 185～45 980 千焦/千克。

◎易于运输

LPG 在常温气压之下是一种气体，在一定的压力下或者是经过冷冻到一定温度那么液化就可以变成液体，可以用火车（或汽车）槽车、LPG 船在陆上和水上进行运输的工作。

◎压力稳定

LPG 管道用户灶之前压力不会有变化，用户使用也比较的方便。储存设备简单，供应方式也很灵活。与城市煤气的生产、储存、供应情况相比，LPG 的储存设备比较简单，气站用 LPG 储罐进行储存，又可以直接装在气瓶里供用户们直接使用，也可以通过配气站和供应管网，实行管道的供气设备；甚至可以用小瓶装上丁烷气，用作餐桌上的火锅燃料，并且使用起来也比较方便。由于 LPG 有上述优点，所以被广泛地应用在工业、商业和民用燃料。同时，它的化学成分决定了 LPG 也是一个非常有用的化工原材料，因此也广泛地应用于生产各类化工产品中。气态的液化石油比空气重大约 1.5 倍，该气体的空气混合物爆炸范围是 1.7%～9.7%，当遇到明火的时候就会立刻发生爆炸的现象。所以使用的时候一定要防止泄漏，不可以慌乱大意，以免造成危害。

◎使用领域

有色金属在冶炼要求燃料热质稳定，没有燃炉的产物，也没有污染，并且液化石油气都具备了这几种条件。液化石油气在经过加热气化之后，可以方便地引入冶炼炉燃烧。目前几家企业已经将液化石油气成功地用于德国克虏伯熔炼炉的铜冶炼工艺，代替了原煤气燃烧工艺，这样不仅减少了硫、磷等杂质的危害，也有利的提高了铜材的质量。

◎窑炉焙烧

我国的各种工业窑炉和加热炉有史以来都是以烧煤为主，这不仅造成了一种能源的浪费，同时排出的烟气也严重污染了环境。所以，国家有关部门就提出我国能源在今后的发展任务是：优化能源的结构，并且建立世界级清洁、安全、高效的能量供应体系，建立能源技术发展促进机制等。为了能够适应这一任务的要求，许多工业窑炉和加热炉都改用液化石油气来作为燃料，比如用液化石油气来代替烧瓷制瓷砖；用液化石油气烘焙轧制薄板等，这样的使用不仅减少了对空气的污染，也大大的提高了产品的烧制质量监督。

◎汽车燃料

根据 2000 年我国城市环境污染状况公告的显示，监测的 338 个城市之中，超过国家大气质量二级标准的城市就占到 63.5％，其中超过三级的有 112 个，我国大气污染已经由工业废物、煤烟气型逐渐向光化学烟雾型进行转变，大城市中汽车排放尾气已经成为大气污染的主要原因之一。目前，城市空气污染源中大约有 70％都来自汽车排放的尾气。为了能够解决这一问题，从 20 世纪末开始，我国各大中城市就相继建起了汽车加气站设备，用液化石油气来替代汽油作为汽车的燃料，这一燃料品种的客观改变，极大地净化了城市的空气质量问题，也是液化石油气能够有效利用的又一大发展方向。

◎居民生活

液化石油气也是居民广泛使用的一种燃具。居民生活燃用液化石油气主要有管道输送和瓶装供给两种方式。管道输送：管道输送方式主要集中在大中型城市中开始进行，它是由城市燃气公司把液化石油气与空气、液化石油气与煤气或者是液化石油气与化肥厂排放的空气等混合之后，在通过管理直接输送到居民家中进行使用，目前市场上，许多城市都实现了这种供应形式；瓶装供给：瓶装供给是通过一个密封钢瓶将液化石油气由储配站分配到各家各户中，作为家用液化石油气庭灶具的供气源，它起源于

20 世纪 60 年代初，最早的时候是在炼油厂和几个工业城市开始进行使用，现在已经发展到乡镇农村中。在民用部地区就建有从事钢瓶供气的液化石油气储配站有一万多个，有的个别乡镇平均建有两个以上。由此可见，液化石油气的使用范围也开始变得越来越广泛，使用量也开始越来越大，发展越来越快。因此，加强对液化石油气知识的宣传学习，能够保证液化石油气的安全使用，也是非常必要和迫切需要的问题。

◎供应方式

液化石油气通常有瓶装、管道和分配槽车三种供应的方式。

◎瓶装供应

将液化石油气灌入钢瓶中在向用户供应。液化石油气钢瓶是薄壁压力当然容器各国规格也有所不一样，家庭中使用的钢瓶容量有 10、12、15、20 千克等；公共建筑和小型工业用户使用的钢瓶容量有 45.50 千克等。液化石油气储配站也有专程用灌装机具将液化石油气灌装到钢瓶里面，并且经过供应站或者是直接销售给用户。液化石油气应该按照规定的灌装量来进行灌装，瓶内气压液压共存，压力为当时环境温度下的饱和蒸汽压（例如 20℃时丙烷饱和蒸汽压约为 800 千帕，正丁烷约为 200 千帕）。使用的时候气态液化石油气经减压器减压之后然后再送至燃具中，瓶内液态液化石油气吸收环境热量在连续地进行自然气化。当用户用量较大的时候就靠自然气化方式不能满足使用要求的时候，就直接采用强制气化方式进行供气。强制气化是在专用气化装置中利用外部热源使液化石油气连续地气化。一般家庭用户都会采用单瓶供气或者是双瓶切换供气，公共建筑、商业和小型工业用户多采用瓶组供气。

◎管道供应

通过管道然后将气化之后的液化石油气供给各个用户进行使用。这种供应方式就适用于居民住宅的小区、高层建筑和小型工业用户的使用。液化石油气管道供应系统由气化站和管道组成。气化站内的设备有储气罐、汽化器和调压器等。液化石油气从储气罐中连续的进入汽化器，当气化之后经过降低压力，通过管道在送至用户使用。为了防止液化石油气在管道中进行液化的现象，必须正确地确定调压器出口的压力。汽化后的液化石油气还可以利用专用装置使之与空气或者是低发热量燃气混合并且通过管道供应用户。

认识我们身边的石油

◎分配槽车供应

利用汽车槽车向用户供应液化石油气，这种槽车被称为是分配的槽车，其结构与运输槽车大体是相同的，容量一般为 2～5 吨，并且车上也装有灌装泵。分配槽车的供应对象也主要是距离其他燃气来源比较远的各类用户中。用户自备小型固定储气罐（容量半吨至数吨）然后接收液化石油气。分配槽车也可以作为流动的灌瓶站，向远离供气中心区的居住小区的用户钢瓶灌装液化石油气。

◎危害污染物质含较多

1. 健康危害

本品有麻醉的作用。急性中毒：有头晕、头痛、兴奋或者是嗜睡、恶心、呕吐、脉缓等现象，如果重症者可能会导致突然地倒下，尿道失禁，意识力逐渐地丧失，甚至连呼吸都会立刻停止，并且也会导致皮肤冻伤；慢性影响：长期接触低浓度者，可能会出现头痛、头晕、睡眠不佳、易疲劳、情绪不稳以及植物神经功能紊乱等现象，所以应该慎用。

2. 环境危害

对环境也有一定的危害现象，对水体、土壤和大气可能会造成污染。

3. 燃爆危险

本品属于一种易燃的物质，并且具有麻醉性。

4. 危险特性

很容易进行燃烧，当与空气混合能够形成爆炸性的混合物，遇到热源和明火会有燃烧爆炸的危险，与氟、氯等接触就会发生剧烈的化学反应。其蒸汽比空气稍微重，能够在较低处扩散到比较远的地方，遇到火源就会立刻回燃。

◎化工轻油

化工轻油可以作为石化的原料，石脑油又被称为轻油，在过去的时候多被指为沸点高于汽油而低于煤油的馏份，但是沸点比较的低或者是比较高的时候，也经常称为石脑油。石脑油是一种轻质的油品，石脑油一词来源于波斯语，具体是指容易挥发的石油产品。石脑油由原油蒸馏或者石油进行二次加工切取相应馏分而制得。其沸点的范围依然不稳定，通常为比较宽的馏过程，如 30℃～220℃。石脑油是管式炉裂解制取乙烯、丙烯、催化重整制取苯、甲苯、二甲苯的重要原料。作为裂解的原料，当然要求石脑油组成中烷烃和环烷烃的含量不能够低于70％（体积）；作为催化重整原料用于生产高辛烷值汽油组分的时候，进料为宽馏分，沸点范围一般为80℃～180℃，用于生产芳烃的时候，进料就为窄馏分，沸点范围为60℃～165℃。国外一般常用的轻质直馏石脑油沸程为0℃～100℃，重质直馏石脑油沸程为100℃～200℃；催化裂化石脑油有＜105℃，105℃～160℃及160℃～200℃的轻、中、重质三种。石脑油又被称为轻汽油，是一种无色透明的液体，是石油馏分之一。馏分轻、烷烃、环烷烃含量都很高，安定性能也很好，重金属含量低，并且所含硫量也很低，但是相对毒性就比较小。

生产方法：化工轻油为原有经初馏、常压蒸馏在一定的条件下蒸出的轻馏分，或者是经过二次加工汽油经过加入氢精制而得的汽油馏分。沸程一般是初馏点至220℃，也可以根据使用的场合来进行调整。如用作催化重整原料生产芳烃的时候，就可以取60℃～145℃馏分（称轻石脑油）；用作催化重整原料生产高辛烷值汽油组分的时候，可取60℃～180℃馏分（称重石脑油）；用作蒸汽裂解制乙烯原料或合成氨造气原料的时候，可以取初馏点至220℃的馏分。

用途：其最主要用作裂解、催化重整和制氨原料，也可以作为化工原料以及一般的溶剂。

拓展思考
1. 你知道什么是化工轻油吗？
2. 液化石汽油的用途有哪些呢？
3. 应该怎样安全的使用液化石汽油？

认识我们身边的石油

煤油以及溶剂油

Mei You Yi Ji Rong Ji You

煤油是轻质石油产品的一类，由天然石油或者是人为造石油经过分馏或者裂化而得到的。简单的成为"煤油"一般指照明煤油。又称灯用煤油和灯油，也称"火油"，俗称"洋油"，粤语也称"火水"。

◎物化性质

煤油的纯品为无色透明的液体，并且含有杂质的时候呈现淡黄色，稍微带有臭味。沸程 180℃～310℃（不

※ 煤油

是绝对的，在生产时常需根据具体情况变动)，凝固点为零下 47℃。平均分子量在 200～250 之间，密度大于 0.84 克/立方厘米，闪点为 40℃ 以上，运动黏度 40℃ 为 1.0～2.0平方毫米/秒。并不溶于水中，比较容易溶于醇和其他有机溶剂中。容易进行挥发，易点燃，挥发之后与空气混合形成爆炸性的混合气体。爆炸极限为 2～3%。完全进行燃烧，亮度充足，火焰比较稳定，不冒黑烟，不结灯花，也没有明显的异味，对环境污染也很小。不同用途的煤油，化学成分也有所不同。同一种煤油因为制取方法和产地不一样，其理化性质也有所差异。煤油的质量依次降低：动力煤油、溶剂煤油、灯用煤油、燃料煤油、洗涤煤。煤油因品种不同含有烷烃 28%～48%，芳烃 20%～50%或 8%～15%，不饱和烃 1%～6%，环烃 17%～44%。碳原子数为 11～16。除此之外，也含有少量的杂质，就像硫化物（硫醇）、胶质等。其中硫含量 0.04%～0.10%。不含苯、二烯烃和裂化馏分。

认识我们身边的石油

◎用途

其主要用于点灯照明和各种喷灯、汽灯、汽化炉和煤油炉的主要燃料；也可以用作机械零部件的洗涤剂，橡胶和制药工业的溶剂，油墨稀释剂，有机化工的裂解原料；玻璃陶瓷工业、铝板辗轧、金属工件表面化学热处理等工艺用油；有的煤油还可以用来制作温度计之类。根据其用途可以分为动力煤油、照明煤油等不同的类型。煤油被用做煤油灯的燃料以及被用做清洁剂。在煤油灯中它可以稳定地进行燃烧，但是会散发出油腻的黑烟。煤油剂也可以去除金属表面附着非常强烈的油腻和污物，并且非常的干净。一些模型飞机使用煤油作为燃料或者使用掺有煤油的燃料。在过去的时候天气非常冷的时候在柴油里面都会掺入至 25％的煤油这样来降低柴油的黏度。但是目前已经不使用这个方法了。现代柴油机不能够使用掺有煤油的柴油。作为清洁剂出售的煤油非常的纯，不含有重分子，因此当擦拭完之后不应该留下任何的痕迹。比起汽油来煤油的危险性要稍微低些。航空煤油是掺加有其他物质的煤油，它是涡轮发动机的燃料，同时也是火箭引擎的重要燃料。

> **·知识窗·**
>
> ### ·国内历史·
>
> 在清朝光绪二十二年（1896 年）的时候首次进口 5 000 加仑。光绪二十三年之后，外国煤油公司先后在杭州开设煤油公司、煤栈、洋行等，那个时候煤油进口开始逐渐增加，全年达到 1731473 加仑，值银 238798 关平两。光绪三十三年杭城组织"洋油认捐公所"，煤油运抵杭州之后，由公所定期向厘局认捐，从而进一步扩大煤油的销售产量。民国 14 年（1925 年）间的时候，浙江省将运入内地的商品税捐并且入统捐，受其刺激，煤油运销量开始大增，当年报经杭州关的进口煤油高达 9191570 加仑，值银 2480540 关平两，为杭州煤油进口创造了最高的纪录。煤油为清末民国时期杭州进口大宗外国货之一，光绪二十二年至民国 26 年进口数量总共高达 128651908 加仑，值银 20297481 关平两（不包括光绪三十一年至宣统元年，即 1905～1909 年）。报经杭州关进口的煤油有美国煤油、俄国煤油、荷兰煤油和苏门答腊煤油。进口至杭州的各国煤油销售地区遍及浙、皖、赣及闽北。民国 20 年（1931 年）以前开设在杭州城内的规模较大的煤油公司、油栈、油号计有中和煤油号、永昌火油公司、同义公洋油行、亚细亚火油有限公司、美孚洋油行等十多家。

◎毒理学简介

而人体吸入最大耐受浓度为 15 克/立方米，10～15 分钟。成人经口

LDLO：100 毫升，一般属于微毒或低毒，主要有麻醉和刺激性的作用。一般有吸入气溶胶或者是雾滴会引起黏膜刺激，不容易经过完整的皮肤所吸收，口服煤油的时候可能因为同时呛入液态煤油而引起化学性肺炎。

◎危险品及中毒

生产与使用人员。毒素侵入途径消化道、呼吸道、皮肤。临床表现：急性中毒一般极为少见，大多的时候都是误服所中毒，主要表现为口腔、咽喉和胃肠道的刺激性症状，比如恶心、呕吐、呛咳、上腹不适、腹痛和腹泻等，更严重者可以看见粪便带血。

当吸入中毒表现则表现为呼吸道刺激症状，就像是咳嗽、呼吸困难、呼吸频而浅、胸部不舒服和胸痛，也有可能肺部干罗音等体征。严重的人还会发生化学性肺炎。煤油所至的化学性肺炎为渗出性出血性的支气管炎。伴有剧烈的咳嗽、咯血痰，有的时候为血性泡沫痰，呼吸困难，胸痛、紫绀，听诊可闻湿性罗音，体温会逐渐地升高，X 线检查有助于早期的诊断治疗。

中枢神经系统症状最常见的就是吸入中毒，口中毒多发生于大量煤油服入的时候（30 毫升以上）。临床表现可能会有短暂的兴奋，慢慢地就会转入抑制的状态。常见症状为乏力、酩酊状态、意识恍惚、震颤、共济失调，严重者烦躁不安、谵妄、意识模糊、昏迷、惊厥。其他方面如心血管系统也常受累，尤其是心室颤动为最常见的一种死因。

◎治疗

急性吸入中毒患者应该立即转移至新鲜的空气处，吸氧、保暖，并且采取对症的治疗方案。对于口服中毒的人，如果食入少煤的油量，不需要催吐和洗胃。误服大量的时候，应该在作了有套管的气管插管后在进行洗胃。婴幼儿不宜催吐和洗胃，以免吸入毒物而导致肺炎的症状，必要的时候用细胃管小心抽吸。年长儿进行洗胃的时候，更应该小心进行，使之侧卧，头向前倾，先注入液体石蜡或者是橄榄油使毒物溶解，然后将油抽出来，再用温水进行洗净，一直到没有味道才可以。就像上述油类，一般可以用微温开水或者是植物油（如花生油等）进行洗胃，继续用活性炭悬液进行灌入，吸附剩余的毒物。然后再由胃管注入 50% 硫酸钠或者是硫酸镁适量导泻。口服牛奶、蛋清保护胃黏膜。洗胃的时候更应该避免吸入，以免导致肺炎的症状。发生晕厥的时候应该尽快注射苯甲酸钠咖啡因。呼吸困难者应该吸氧，必要的时候进行人工呼吸。血压下降应该给升压药，

认识我们身边的石油

忌用肾上腺素。应用抗生素预防和治疗肺炎。如果是其它的情况应该根据症状来对治。

◎预防

如果有出血倾向者，可以多吃些含有维生素 C、K 的食物。维生素 C 广泛地分布于蔬菜、水果中，尤其是以鲜枣、辣椒、煤油、柑橘、雪里红、青蒜、金花菜、菜花及绿叶蔬菜中含量最为丰富，动物内脏如肝、肾等含量也比较的多，更应该注意服食。维生素 C 缺乏，使结缔组织会形成不良的现象，以致毛细血营壁出现不健全，脆性增加，容易出血。维生素 K 可以促进凝血酶原的合成，苜蓿类植物及绿色蔬菜中，维生素 K 的含量比较高，植物油中也有相当的含量，都是应该注意的食物。病人的出血量、体温、呼吸、脉搏、血压、小便、神志及全身状况的变化，都必须注意进行密切地观察。如果大量出血、面色苍白、四肢厥冷、血压下降、尿少尿闭、烦躁不安、焦虑淡漠、意识模糊甚至是昏迷，此为失血性休克，应该及时送往医院进行抢救，并且限制进水量。正常人一天 24 小时尿量为 1 500 毫升，水肿严重者喝水多同时少尿，此时不但需要限制食盐，也应该同时限制进水量。对轻度水肿者，进水量控制在 1 000 毫升左右；如果水肿严重而且尿少者，进水量应该减至 500 毫升左右为最佳。

有这样一则案例：一农民说："我不惜血本投资 60 万元进行养鱼，眼看着年关将近，正是起鱼出售的好时机，但是满水库的肥鱼竟然被鉴定为毒鱼，吃不得也卖不得……"这位农民蹲在自己养鱼的水库边，欲哭无泪。辛苦一年养出一池有毒鱼儿农民继续说到："年底了，别的鱼老板都忙着捞鱼卖，我这一库鱼，虽然个头非常的肥大，但是却只能够呆在水库里张起嘴巴等食……"这位农民谈及眼前的困境，非常苦恼。"我是养鱼的老手，不想这次栽得恁个深！"他从 1988 年的时候就开始承包水库养鱼。由于原承包的水库要进行病因治理，他与有关部门就达成了协议，取得了水库的最终经营权。之后，他购买鱼苗、给水库消毒、置办设备等，加上一年来的饲料和人工费，共计投资约 60 万元。"按照养殖行业的惯例，年底就能起鱼销售！"老农又说，他害怕鱼儿有什么闪失，不仅专门请人 24 小时来照看，自己也三天两头往水库跑，见库中约 35 吨鱼儿活蹦乱跳，就开始盘算今年的收成。但是不想，一个灭顶之灾却不期而至。老农说前段时间，水库里开始出现死鱼现象，工商分局几名执法人员对鱼进行抽检。上月初的时候，他看到检验结果：鱼肉带有煤油味，不能够进行食用。他被告知之后，所有的鱼都不能够出售，否则出了问题要追究责任。"我得知这一结果后，简直不敢相信自己的眼睛！辛苦操劳一年，把全部身家押在鱼上，没想竟养出了一池毒鱼，吃不得也卖不得。"老农看到结果如五雷轰顶。

◎现场试验

鱼肉有股浓烈异味：刚开始的时候，对工商部门的检验结果，老农是打死都不敢相信："我的鱼看起来活蹦乱跳，条条肥大，卖相好，怎么会变成毒鱼呢？"之后，他又从水库中捞起一条鱼，然后自己煮来想要尝试，果然一揭开锅盖的时候，一股浓烈的煤油味就扑鼻而来，鱼肉不敢入口。

◎工商证实

抽检鱼带有煤油味：工商分局市场监督管理和消费者权利保护科长向来访人员证实，前段时间的时候，该局就接到了消费者的投诉，称有水库的鱼带有严重的煤油味，再结合全国安全生产排查整治活动，他们对辖区市场、养殖水域等进行了一次的摸底，抽检的初步结论是，水库的鱼确实有煤油味。科长说："我们的行政职权主要是流通环节，龙定祥水库里的鱼属于生产领域，其是否属污染造成，以及污染情况究竟有多严重等，我们未做深入调查。"

◎专家介绍

鱼被酚和石油污染：那么为什么一条条鲜活的鱼会带有煤油味呢？经过水产专家、西南大学教授的观察，这是因为鱼受到了酚类物质和石油的污染。他称，工业污水如果不及时治理排放到自然水体之中的话，容易对生活在里面的鱼造成严重的污染。鱼自身对这些重金属污染很难进行代谢，有毒物质就累积在鱼体之中，在一定量的条件上，鱼并不会出现死亡，外观也看不出明显的异常，但是人食用之后对身体非常的有害。随后，又沿龙滩子水库进行查找，在水库上方一条小支流的上游，发现大量工厂和作坊，其中一家无名作坊正在排放污染资源，大量暗黄色工业废水喷涌而出，并且排到了水库之中。"我的鱼怎么办？我昧着良心将它们捞起来卖，万一消费者吃出问题来了怎么办？如果不卖，这些鱼不仅需要吃饲料，我投进去的60万怎么收回？"老农也是沮丧地说。

◎专家支招

那么市民该如何辨别市场上的鱼是否受到环境的污染呢？教授为大家支招：

（1）闻味道。被不同毒物污染的鱼就会发出不一样的气味。煤油味是被酚污染；大蒜味是被三硝基甲苯污染；杏仁苦味是被硝基苯污染；氨水味、农药味是被氨盐类、农药污染。

（2）看外形。污染比较严重的鱼，鱼形看起来不整齐，头大尾小，脊椎、尾脊弯曲僵硬或头特大而身瘦，尾长也比较的尖，这种鱼含有铬、铅等有毒有害重金属；鱼鳞部分脱落，鱼皮发黄，尾部灰青，有的肌肉会呈现绿色，有的鱼肚会发生膨胀的现象，这是铬污染或者是鱼塘大量使用碳酸铵化肥所导致的。

（3）辨鱼鳃和鱼眼。有的鱼从表面上来看非常的新鲜，但是如果鱼鳃不光滑，形状比较粗糙，就会呈现红色或者是灰色，这些鱼大都被污染了；有的鱼看上去体形、鱼鳃正常，但眼睛浑浊失去正常光泽，有的眼球甚至明显向外突起，也是被严重污染了。

◎ "污染鱼"吃不得

在不久以前，湖南省长沙市的一些菜市场上，那些带煤油气味的鲜鱼也是特别的多，当然价钱也非常的便宜，不少消费者都争先地进行购买。那么这些"便宜鱼"到底是从哪里来的呢？一天下午，知情人士邀笔者到打鱼现场看了个究竟。我们来到湘江河畔，直奔两岸的几个大排污口，目睹一股股黑水从巨大的管口排了出来，把清亮的河水冲调成一片混浊的黑色，顿时发出一种令人作呕的臭气。然而就在这个叫人避之不及的地方，一张张鱼网撒向黑水之中。少则几条，多的时候有几公斤，一派鲜鱼"丰收"的景象。根据了解得知，近年来到排污口捕鱼的人也越来越多，他们也都很有卖鱼的经验，当鱼捕回去之后，就把半死不活的鱼放入清水桶里，死了的淹成咸干鱼，那么活的鱼就送到市场或者是酒家来当新鲜活进行鱼卖。接着我们又来到长沙烈士公园民俗村旁边的跃进湖边，也看到许多的人在捞浮在水面那些半死不活的鱼，有的人甚至把捞上来的鱼很快就拿到市场上进行去卖。没有来得及上市的鱼放在湖岸边草地上面，大多数鱼都会呈现黑色，并且会发出一股难闻的臭味。一对正在捞鱼的夫妇说："前段时间污水把鱼都'呛'上来了，好多人捞，一两个小时就可以捞上几十公斤。"当笔者问他们捞的鱼自己是否食用的时候，夫妇俩坦率地摇

认识我们身边的石油

头说："这鱼吃不得，有煤油气味，我们才不吃呢。"近年来"煤油鱼"不断的出现是由于水源遭受污染的结果。根据熟悉，由于生活污水和工业污水齐聚，湘江的有机物和重金属污染比较的严重，一些有毒物质就进入到鱼的身体里，然后再通过食物链进入人体中，那么久而久之，就会造成慢性中毒的现象，并且会威胁人类的生命。因此，杜绝"煤油鱼"的根本措施在于作好环境保护，不能够让污水、废水进入河流、湖泊中。同时也应该向广大的消费者宣传污染鱼的危害和识别污染鱼的方法。污染鱼无论死活都有一种非常刺鼻的异味，有的是煤油气味，有的是大蒜气味或氨味；鱼鳃不光滑，较粗糙，呈暗红色；鱼眼呈浑浊状，就会失去正常鱼的光泽。

◎溶剂油

溶剂油是五大类石油产品之一，溶剂油的用途也非常的广泛。其用途最大的就要首推涂料溶剂油（俗称油漆溶剂油），其次就是有食用的油，印刷油墨、皮革、农药、杀虫剂、橡胶、化妆品、香料、医药、电子部件等溶剂油。目前大约有 400～500 种溶剂在市场上面销售非常的好，其中溶剂油（烃类溶剂和苯类化合物）就占一半左右。

1. 按沸程分

溶剂油可以分为三类：低沸点溶剂油，就像 6 号抽提溶剂油，沸程为 60℃～90℃；中沸点溶剂油，就如橡胶溶剂油，沸程为 80℃～120℃；高沸点溶剂油，如油漆溶剂油，沸程为 140℃～200℃，近年来被广泛使用的油墨溶剂油，其干点可以高达 300℃。在一般情况下，60℃～90℃就被称为是抽提溶剂油，就是人们常说的 6 号溶剂油；80℃～120℃就被称为是橡胶溶剂油，其实就是人们常说的 120 号溶剂油；140℃～200℃称为油漆溶剂油，即 200 号溶剂油。除此之外，还有油墨溶剂油、干洗溶剂油等。有时，馏程的切割各个企业也会有所不一样。例如，6 号溶剂油，有的厂家的馏程范围是 60℃～75℃，通常我们称之为窄 6 号溶剂油，以表示区别。也可以根据实际的生产，120 号溶剂油的馏程往往会控制在 90℃～120℃之间。

2. 按化学结构分

溶剂油可以分为链烷烃、环烷烃和芳香烃三种，实际上除乙烷，甲苯和二甲苯等少数几种纯烃化合物溶剂油之外，溶剂油也都是各种结构烃类的混合物。从化学结构上来看，可以分为链烷烃、环烷烃和芳香烃等。通常所说的 6 号、120 号、200 号溶剂油，就是链烷烃。芳香烃指苯、甲苯、二甲苯等。

3. 按用途分

通常情况用途可以分为主要用在抽出大豆油、菜籽油、花生油和骨油等动植物油脂的抽提溶剂油，并且用于橡胶、鞋胶、轮胎等领域的橡胶溶剂油，用于油漆、涂料工业的油漆溶剂油等。除此之外，还有洗涤溶剂油、油墨溶剂油等。根据国家标准GB1922-88，可以按照其98%馏出温度或者是干点来划分溶剂油，常见的牌号有：70号香花溶剂油，90号石油醚，120号橡胶溶剂油，190号洗涤剂油，200号油漆溶剂油，260号特种煤油型溶剂。此外还有6号抽提溶剂油、航空洗涤汽油、310号彩色油墨溶剂油。农用的灭蝗溶剂油等。实际上在市场上销售的永远都不止这些，生产厂家也可以根据一些用户的需求，以生产各种规格溶剂油。

4. 具体用途

溶剂油的性质在其用途上有区别也不可以进行区分，选择溶剂油应该主要考虑其溶解性、挥发性、安全性。当然，也可以根据其用途的不同，其他的各项性能也不能够进行忽略，有的时候甚至更重要些。

溶剂油包括切取馏分和精制两个过程。切取馏分过程通常有以下途径：由常压塔直接进行切取，将相应的轻质直馏馏分再进行切割成适当的窄馏分，和将催化重整抽余油进行分馏，各种溶剂油馏分一般都需要经过精制加工，以改善色泽，来提高安定性能，除去腐蚀性物质和降低毒性等，常用的精制方法有碱洗，白土精制和加氢精制等。

溶剂油也是烃的复杂混合物，并且非常容易燃烧和爆炸。所以从生产，储运到使用的时候，都必须严格注意防止火灾的发生，保护生命安全。

溶剂油毒性的表示方法大致三种：致死量：一般用来表示剧毒物质对动物生理作用强度的一种尺度。致死浓度：用浓度表示急性中毒的一种尺度。最大容许浓度：最大许可的浓度通常用空气中蒸气容量的百万分率来表示，这是溶剂毒性的一般粗略估计，最终是因人而异，也并不是绝对的极限值。

◎危险概述

健康危害：石脑油蒸气可以引起眼以及上呼吸道刺激症状，就像浓度过高，几分钟就可以引起呼吸困难、紫绀等缺氧症状。急性毒性：LD50：无资料；LC50：16 000毫克/米。危险特性：其蒸汽与空气可以形成爆炸性的混合物，当遇到明火、高热能的时候就会引起燃烧和爆炸的现象。与氧化剂能够发生强烈的反应。其蒸汽比空气稍重，能够在较低处进行扩散到相当远的地方，遇到火源的时候就会自动点燃。

◎急救措施

皮肤接触：脱去污染的衣着，在用肥皂水和清水来彻底的冲洗皮肤。眼睛接触：提起眼睑，用流动清水或者是生理盐水进行冲洗，并且马上进行就诊。吸入：迅速脱离现场至空气新鲜处。并且保持呼吸道的通畅。如果出现呼吸困难，就马上进行输氧。如果呼吸停止的时候，立即进行人工呼吸。食入：用水漱口，饮牛奶或者是蛋清，马上进行就诊。

◎灭火方法

喷水冷却容器的时候，可能的话将容器从火场移至空旷的地方。处在火场中的容器如果已经变色或者是从安全泄压装置中产生声音的时候，就必须马上进行撤离。灭火剂：泡沫、二氧化碳、干粉、砂土，用水灭火是一种无效的方法。

◎应急处理

迅速撤离泄漏污染区人员到安全的地区，并且马上进行隔离，严格限制出入。迅速切断火源。建议应急处理人员戴自给正压式呼吸器，并且穿上防静电的工作服。尽可能的切断泄漏电源。防止流入下水道、排洪沟等限制性空间中。小量泄漏：用砂土、蛭石或者是其他惰性材料的吸收。大量泄漏：构筑围堤或者是挖坑收容。用泡沫覆盖，以降低蒸气的灾害。用防爆泵转移至槽车或者是专用的收集器之内，回收或者运至废物处理场所处置。

◎储存事项

要储存于阴凉、通风的库房，并且远离火源、热源，库内温度不宜超过30℃，保持容器的密封性能，应该与氧化剂分开来进行存放，切忌混合进行储存。采用防爆型照明、通风设施。禁止使用容易产生火花的机械设备和工具。储区应备有泄漏应急处理设备和合适的收容料。

◎运输信息

包装标志：易燃液体。

认识我们身边的石油

包装方法：小开口钢桶；螺纹口玻璃瓶、铁盖压口玻璃瓶、塑料瓶或者是金属桶（罐）外普通木箱。运输注意的事项：当运输的时候运输车辆应该配备相应品种和数量的消防器材以及泄漏的时候应急处理设备。夏季最好早晚进行运输。运输的时候所用的槽（罐）车应该有接地链，槽内可以设置孔隔板以及减少震荡所产生的静电。严禁与氧化剂、食用化学品等混装混运。在运输途中应该防曝晒、雨淋，并且防止高温。中途停留的时候应该远离火源、热源、高温区。装运该物品的车辆排气管必须配备灭火的装置，禁止使用容易产生火花的机械设备和工具装卸。公路运输的时候要按照规定路线来行驶，切勿在居民区和人口稠密区停留。铁路运输的时候要禁止溜放。严禁用木船、水泥船散装来进行运输。

| 拓展思考 |

1. 煤油的工艺有哪些？
2. 什么是溶剂油，溶剂油的用途有哪些？
3. 煤油和溶剂油分别有哪些危害？

石

第三章

油是工业的『血液』

SHIYOUSHIGONGYEDE XUEYE

　　石油作为重要能源之一，在社会中占有富可敌国的作用。我们生活中的一切都和石油紧密相连，石油就是人类正常生活的重要保障。同时，石油是重要的化工原料，化肥的产生、肥皂的降临、塑料产品、橡胶产品等等都和石油紧密相连。在社会高速发展的今天，石油是工业的"血液"，是工业赖以生存的财富。

认识我们身边的石油

石油添加剂

Shi You Tian Jia Ji

想知道什么是石油添加剂吗？石油添加剂是一种以一定量加入基础油之中，可以起到加强或者给予人们希望的某些性能的化学品。就像矿物油在潮湿的箱子中防锈能力只有 4 小时左右，并且加有防锈剂的防锈油，防锈能力可能达到几百小时以上；基础油与水不能够进行混溶，但是在油中加入乳化剂之后，就能够使油水生成稳定的乳液。添加剂是提高油品的质量和增加油品品种的一种非常重要的手段之一。

※ 石油添加剂

◎石油添加剂在石油中的意义

石油添加剂大部分都为有机化合物，但是在水基液、乳化液产品中，也不缺乏有部分的无机物产品。石油加工装置和各种工艺流程本身就具有一定的局限性，大多只能够生产石油产品的基础油，但是距离产品的使用、储存和性能所要求的还差一定的距离，这些性能大多只能依靠石油添加剂来进行解决。所以，石油添加剂在油品生产，提高油品质量方面，有着举足轻重的作用，并且一直被各国研究石油工作者所重视。

◎石油添加剂的分类

其实石油添加剂的范围非常大，如果按照石油添加剂在应用场合上分可以分为：润滑油添加剂、燃料油添加剂、复合添加剂以及其他产品添加剂四大类。其他添加剂中包括：石蜡添加剂、沥青添加剂、废油和原油添加剂。而我国的石油添加剂就有 800 多种，主要石油添加剂大约为 180 种，其中主要润滑油添加剂 10 类，大约 120 多个品种。

◎石油添加剂产品的符号说明

石油添加剂产品符号是由三部分组成的，第一部分：用汉语拼音字母 T 表示类别。第二部分：从 T 后面的阿拉伯数字尾数开始计数，以百位或者是千位数字来表示组别。第三部分：从 T 之后的阿拉伯数字尾数开始计数，以个位或者是十位数字来表示品牌号。

◎石油添加剂分类详解

石油添加剂分类详解如下：

（1）但是值得提出的是添加剂也并非是万能的，它不能够使劣质油品再变为优质的油品，添加剂只是能够提高油品质量的一种主要因素。添加剂的贡献不仅仅取决于它的特殊组分，而是取决于基础油的质量（即基础油要有一定的精制深度或类型，即是溶剂精制、加氢精制、蜡异构化或合成油）和加入油品的添加剂配方的技术性质，这两者是不可缺少的。

（2）清净剂是一种加到燃料或者润滑剂中能够使发动机部件得到清洗并且保持发动机部件干净的化学品。在发动机油配方中，清净剂大多的时候是用碱性金属皂来中和氧化或者燃烧中生成的酸。比如：高碱值线型烷基苯合成磺酸钙、长链线型烷基苯高碱值合成磺酸钙、长链线型烷基苯高碱值合成磺酸钙、高碱值硫化烷基酚钙、长链线型烷基苯高碱值合成的磺酸镁。

（3）分散剂是能够使固体污染物以胶体状态悬浮于油中的化学品，为了防止油泥、漆膜和淤渣等物质沉积在发动机部件上面。分散剂通常是非金属（无灰），一般与清净剂复合进行使用。例如：T154A 聚异丁烯基丁二酰亚胺、T154B 硼化聚异丁烯基丁二酰亚胺、T161A 高分子量聚异丁烯基丁二酰亚胺、T161B 硼化高分子量聚异丁烯基丁二酰亚胺、T151A 聚异丁烯基丁二酰亚胺、T164A 高分子量聚异丁烯基丁二酰亚胺、T165A 高分子量聚异丁烯基丁二酰亚胺。

（4）抗氧抗腐剂能够抑制油品氧化以及保护润滑表面不受水或者其他污染物的化学侵蚀的化学品。如：T202 硫磷丁辛伯烷基锌盐、T203 硫磷双辛伯烷基锌盐、T204 碱式硫磷双辛伯烷基锌盐、T205 硫磷丙辛仲伯烷基锌盐、T206 硫磷伯仲烷基锌盐、T207 硫磷伯仲辛烷基锌盐。

（5）极压剂，在极压条件的情况下防止滑动的金属表面烧结和擦伤的化学品。如：T321 硫化异丁烯等。

（6）抗磨剂，能够在较高负荷的部件上生成薄的韧性很强的膜来防止金属与金属接触的化学品。

（7）油性剂，在边界润滑条件下起增强润滑油的润滑性和防止磨损以及擦伤的化学品。油性剂通常是动植物油或者在烃链末端有极性基团的化合物，这些化合物对金属有着很强的亲和力，其作用是通过极性基团吸附在摩擦面上面，形成分子定向吸附膜，以阻止金属之间的接触，从而减少摩擦和磨损。

（8）摩擦改进剂是能够降低两个接触的金属表面之间的摩擦系数的化学品。一般不与金属发生反应，而是吸附在金属表面上的物质。吸附膜能降低油/金属界面的摩擦热，便于改进在一定条件下的效率。

（9）抗氧剂是能够提高油品的抗氧化性能和延长其使用或者储存寿命的化学品。抗氧剂也被称为氧化抑制剂。如：T5012、6-二叔丁基对甲酚、T502 混合型液体屏蔽酚、T557 辛/丁基二苯胺、T558 二壬基二苯胺。

（10）金属减活剂是能够使金属钝化失去催化活性的化学品被称为油品金属减活剂或者金属钝化剂，又被称为是抗催化剂添加剂。烃的自动氧化是以自由基为媒介进行的连锁反应，由中间体经过氧化物分解成自由基的过程中。金属离子，特别是铜离子也起着很强的催化作用。

（11）黏度指数改进剂，能够增加油品的黏度和提高油品的黏度指数，改善润滑油的黏温性能的化学品。

（12）防锈剂，在金属的表面会形成一层保护膜，能够防止金属锈蚀的化学品。

▶知识窗

其实人们经常所说的锈是由于氧和水作用在金属表面会生成氧化物和氢氧化物的混合物，铁锈的颜色为红色的，铜锈则是绿色的，而铝和锌的锈被称为白锈。当机械在运行和储存中很难不与空气中的氧、湿气或者是其他腐蚀性介质进行接触，这些物质在金属表面就会发生电化学腐蚀进而会生成锈，是为了防止锈蚀就得阻止以上物质与金属进行接触。

（13）防腐剂，能够抑制油品本身氧化变质生成的酸和某些添加剂分解的活性物对金属的化学侵蚀的化学品。

（14）抑制剂，用于抑止或者是控制副反应过程的改善油品的有关性能的添加剂，就像氧化抑制剂、腐蚀抑制剂、锈蚀抑制剂等。

（15）降凝剂或倾点下降剂，能够降低石油产品的倾点和改善低温流动性的化学品。如：T809A 酯型降凝剂、T809B 酯型降凝剂。

（16）抗泡剂，能抑制油品在应用中的起泡倾向的化学品。

（17）润滑油胶粘剂，能够改善润滑油的粘附性、滞留性和防止流失或者是飞溅的化学品。

（18）乳化剂，能促使油和水生成稳定的混合物或乳化液的化学品。

（19）抗乳化剂，能加速油水分离或使乳化液完全分离成水和油的化学品。

（20）防霉剂，能抑制油中存在的细菌、霉、酵母等微生物引起的各种有害作用的化学品称防霉剂，又称杀菌剂、抗菌剂或杀微生物剂等。

| 拓展思考 |

1. 哪些物质中有石油添加剂？

2. 使用石油添加剂的作用是什么？

3. 你还知道有哪些添加剂吗？

表面活性剂

Biao Mian Huo Xing Ji

表面活性剂被称为是具有固定的亲水亲油基团，在溶液的表面能够定向的排列，并且能够使表面张力显著下降的物质。表面活性剂的分子结构具有两亲性：一端为亲水基团，而另一端为憎水基团；亲水基团通常为极性的基团，就像羧酸、磺酸、硫酸、氨基或胺基及其盐，也可能是羟基、酰胺基、醚键等；而憎水基团一般为非极性烃链，如 8 个碳原子以上烃链。表面活性剂还分为离子型表面活性剂和非离子型表面活性剂等。

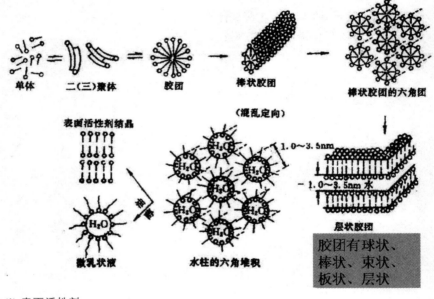

单体　二(三)素体　胶团　棒状胶团　棒状胶团的六角团

表面活性剂结晶　（混乱定向）

微乳状液　水柱的六角堆积　层状胶团

1.0～3.5nm
1.0～3.5nm 水

胶团有球状、棒状、束状、板状、层状

※ 表面活性剂

◎表面活性剂定义及应用

而表面活性剂则是由两种截然不同的粒子形成的分子，一种粒子具有非常强的亲油性，另一种则具有极强的亲水性。能够溶解于水中后，表面活性剂也可以降低水的表面张力，并且提高有机化合物的可溶性能。表面

96

活性剂的范围非常广泛（阳离子、阴离子、非离子及两性），为市场中具体应用提供了多种有效的功能，包括发泡的效果、表面改性、清洁、乳液、流变学、环境和健康保护。表面活性剂在许多行业配方中也被用作性能添加剂，如个人和家庭护理方面，以及金属处理、工业清洗、石油开采、农药等方面。

◎表面活性剂组成

表面活性剂分子结构具有两亲性：一端为亲水基团，另一表面活性剂在水中分子排列端为疏水基团。

◎吸附性

溶液中的正吸附：可以增加润湿性、乳化性、起泡性，固体表面的吸附，非极性固体表面单层吸附，极性固体表面可以发生多层的吸附。

◎结构

一般在传统观念上会认为，表面活性剂是一类即使在浓度很低的时候也能够显著降低表（界）面张力的物质。但是随着对表面活性剂进一步的研究，目前一般认为只要在较低浓度下就能够显著改变表（界）面性表面活性剂。

▶知识窗

不管是哪种表面活性剂，其分子结构均由两部分构成。分子的一端为非极亲油的疏水基，有的时候也会称为亲油基；分子的另一端就为极性亲水的亲水基，有的时候也称为疏油基或者是形象地称为亲水头。两类结构与性能是截然不同的分子碎片或者基团分处于同一分子的两端并且化学键之间相连接，形成了一种不对称的、极性的结构，因此赋予了该类特殊分子既亲水、又亲油，方便又不是整体亲水或者亲油的基本特性。表面活性剂的这种特有结构通常被称为"双亲结构"，表面活性剂分子因此也经常被称作"双亲分子"。根据所需要的性质和具体应用场合的不一样，有的时候要求表面活性剂具有不同的亲水亲油结构和相对密度。通过变换亲水基或者亲油基种类、所占份额以及在分子结构中的位置，可以达到所需要亲水亲油平衡的目的。经过多年研究和生产，已经派出许多表面活性剂的种类，每一种类又包含众多品种，给识别和挑选某个具体品种带来的困难。所以，必须对成千上万种表面活性剂来作一个科学的分类，这样才能够有利于进一步研究和生产新的品种，并且为筛选、应用表面活性剂也提供了便捷之处。

其实表面活性剂的分类方法有很多中，可以根据疏水基结构来进行不同的分类，分直链、支链、芳表面活性剂、香链、含氟长链等；根据亲水基进行分类，可以分为羧酸盐、硫酸盐、季铵盐、PEO 衍生物、内酯等。有些研究者也根据其分子构成的离子性把它们分成了离子型、非离子型等，并且根据其水溶性、化学结构特征、原料来源等各种分类方法来进行分类。但是众多分类方法都具有其局限性质，很难将表面活性剂分到合适的定位，并且在概念内涵上也不能发生重叠的现象。人们一般都会认为按照它的化学结构来进行分类比较的。当表面活性剂溶解于水之后，可以根据是否生成离子以及其电性，分为离子型表面活性剂和非离子型表面活性剂。

◎阴离子表面活性剂

肥皂类系高级脂肪酸的盐，通式：$(RCOO^-)$。脂肪酸烃 R 一般为 11～17 个碳表面活性剂肥皂的长链，常见的有硬脂酸、油酸、月桂酸。可以根据 M 代表的物质不一样，又可以分为碱金属皂、碱土金属皂和有机胺皂。并且它们都有很好的乳化性能和分散油的能力。但是容易被破坏，碱金属皂还可被钙、镁盐容

※ 洗衣粉中的阴离子表面活性剂

易破坏，电解质也可以使之盐析。碱金属皂：O/W 碱土金属皂：W/O 有机胺皂：三乙醇胺皂。

硫酸化物 $RO-SO_3-M$ 主要是硫酸化油和高级脂肪醇硫酸酯类。脂肪烃链 R 在 12～18 个碳之间。硫酸化油的代表是硫酸化蓖麻油，其俗称为土耳其红油。高级脂肪醇硫酸酯类有十二烷基硫酸钠（SDS、月桂醇硫酸钠）乳化性能非常的强，并且比较的稳定，较耐酸和钙、镁盐。在药剂学上可以与一些高分子阳离子药物产生沉淀的现象，对黏膜也有一定的刺激性质，用作外用软膏的乳化剂，也用于片剂等固体制剂的润湿或者是增溶。

磺酸化物 $R-SO_3-M$ 属于这类的有脂肪族磺酸化物、烷基芳基磺酸化物和烷基萘磺酸化物。它们的水溶性和耐酸耐钙、镁盐性比硫酸化物都稍微的差，但是在酸性溶液中不容易水解。经常用的品种有：二辛基琥珀酸磺酸钠（阿洛索-OT），十二烷基苯磺酸钠，甘胆酸钠。

◎阳离子表面活性剂

阳离子表面活性剂主要起到作用的部分是阳离子，所以也被称为阳性皂。其分子结构主要部分是一个五价氮原子，所以也称为季铵化合物。主要特点是水溶性质比较的大，在酸性与碱性溶液中比较的稳定，并且具有良好的表面活性作用和杀菌的作用。经常用的品种有苯扎溴铵（新洁尔灭）和扎氯铵（洁尔灭）等。

※ 洁厕灵中的阴离子表面活性剂

◎非离子表面活性剂

（1）脂肪酸甘油酯：单硬脂酸甘油酯，HLB 为 3～4，主要用作于 W/O 型乳剂辅助乳化剂。（2）多元醇蔗糖酯：HLB（5～13）O/W 乳化剂、分散剂脂肪酸山梨坦：W/O 乳化剂聚山梨酯：O/W 乳化剂。（3）聚氧乙烯型：Myrij（卖泽类，长链脂肪酸酯），Brij（脂肪醇酯）。（4）聚氧乙烯－聚氧丙烯共聚物：Poloxamer 能耐受热压灭菌和低温冰冻，静脉乳剂的乳化剂。

◎两性离子表面活性剂

两性离子表面活性剂的分子结构中同时具有正、负电荷的基团，在不同 pH 值介质中可以表现出阳离子或者是阴离子表面活性剂的性质。（1）卵磷脂：是制备注射用乳剂以及脂质微粒制剂的主要辅料。（2）氨基酸型：R-NH＋2-CH2CH2COO-甜菜碱型：R-N＋（CH3）2-COO-。在碱性水溶液中能够呈现阴离子表面活性剂的性质，具有很好的起泡、去污的作用；在酸性溶液中呈现阳离子表面活性剂的性质，同样具有很强的杀菌能力。

◎表面活性剂应用

表面活性剂由于具有润湿或者是抗粘、乳化或破乳、起泡或消泡以及增溶、分散、洗涤、防腐、抗静电等一系列物理化学作用以及相应的实际应用之中，成为一类灵活多样、用途非常广泛的精细化工产品中。表面活性剂除了在日常生活中作为洗涤剂之外，在其他应用上几乎可以覆盖所有的精细化工领域。

1. 增溶

要求：C>CMC（HLB13～18）临界胶束浓度（CMC）：表面活性剂分子缔合形成胶束的最低浓度。当然其浓度高于 CMC 值的时候，表面活性剂就会排列成球状、棒状、束状、层状、板状等结构。增溶体系为热力学平衡体系，CMC 越低、缔合数越大的时候，那么增溶量（MAC）就表示越高，温度对增溶也是有一定影响的，温度影响胶束的形成，影响增溶质的溶解量，影响表面活性剂的溶解度 Krafft 点：离子型表面活性剂的溶解度会随着温度的增加而急剧的增大这一温度就被称为 Krafft 点，Krafft 点越高的时候，其临界胶束浓度就表示越小昙点：对于聚氧乙烯型非离子表面活性剂，温度升高到一定程度的时候，溶解度急剧下降并且析出，溶液就会出现混浊的现象，这一现象被称为起昙，此时的温度被称为昙点。在聚氧乙烯链的时候，碳氢链越长，浊点就比较的低；在碳氢链相同的时候，聚氧乙烯链越长则浊点就越高。

2. 助悬作用

在农药行业，可湿性粉剂、乳油及浓乳剂都需要有一定量的表面活性剂，如可湿性粉剂中原药多为有机化合物，具有憎水性，只有在表面活性剂存在的条件下，降低水的表面张力，药粒才有可能被水所润湿，形成水悬液。

3. 乳化作用

亲水亲油平衡值（HLB）：表面活性剂分子中亲水和亲油基团对油或者水的综合亲和力判断。根据经验，将表面活性剂的 HLB 值范围限定在 0～40 的时候，非离子型的 HLB 值在 0～20。混合加和性：HLB＝（HL—BaWa＋HLBb/Wb）/（Wa＋Wb），理论计算：HLB＝Σ（亲水基团 HLB 值）＋Σ（亲油基团 HLB）-7HLB，3-8W/O 型乳化剂：Span，二价皂 HLB，8-16O/W 型乳化剂：Tween，一价皂。

4. 消毒、杀菌

在医药行业中可作为杀菌剂和消毒剂使用，其杀菌和消毒作用归结于它们与细菌生物膜蛋白质的强烈相互作用使之变性或失去功能，这些消毒剂在水中都有较大的溶解度，根据使用浓度，可用于手术前皮肤消毒、伤口或黏膜消毒、器械消毒和环境消毒。

5. 润湿作用

使用表面活性剂可以有效控制液、固之间的润湿程度，农药行业中在

认识我们身边的石油

粒剂以及供喷粉用的粉剂中，有的也会含有一定量的表面活性剂，主要目的就是为了能够提高药剂在受药表面的附着性和沉积量，提高有效成分在有水分条件之下的释放速度和扩展面积，提高防病、治病效果。在化妆品行业之中，作为乳化剂是乳霜、乳液、洁面、卸妆等护肤产品中不可或缺的成分。

6. 增黏性及增泡性

表面活性剂有对改变溶液体系的作用，增大黏度变稠或增大体系的泡沫，在一些特除的清洗、开采行业有广泛地应用。

7. 起泡和消泡作用

表面活性剂在医药行业也有广泛地应用领域。在药剂中，一些挥发油脂溶性纤维素、甾体激素等许多难以溶性药物就利用表面活性剂的增溶作用可以形成透明溶液以及增加浓度；在药剂制备的过程中，它是不可缺少的乳化剂、润湿剂、助悬剂、起泡剂和消泡剂等。

8. 抗硬水性

甜菜碱表面活性剂对钙、镁离子均表现出非常好的稳定性，即自身对钙、镁硬离子的耐受能力以及对钙皂的分散力。在使用的过程中防止钙皂的沉淀，可以提高使用的效果。

清除油脂污垢是一个非常复杂的过程，它与之前提到的润湿、起泡等作用也有一些联系。最后要说明的是，表面活性剂可以起作用，但是并不单单是因为某一方面的作用，在很多情况下是因为某种因素共同的作用。例如在造纸工业中可以用作蒸煮剂、废纸脱墨剂、施胶剂、树脂障碍控制剂、消泡剂、柔软剂、抗静电剂、阻垢剂、软化剂、除油剂、杀菌灭藻剂、缓蚀剂等。

拓展思考

1. 表面活性剂和石油添加剂的区别有哪些？

2. 是什么成分形成了表面活性剂？

3. 你平时生活中用到过表面活性剂吗？

塑料助剂

Su Liao Zhu Ji

塑料助剂又被称为塑料添加剂，是聚合物（合成树脂）进行成型加工的时候为改善其加工性能或者为改善树脂本身性能所不足而必须添加的一些化合物。例如，为了能够降低聚氯乙烯树脂的成型温度，使制品柔软而添加的增塑剂；又如为了制备质量轻、抗振、隔热、隔音的泡沫塑料所以要添加发泡剂；有些塑料的热分解温度与成型加工的温度十分接近，如果不加入热稳定剂就无法成型。所以，塑料助剂在塑料成型加工中也占有非常重要的地位。

※ 塑料助剂

◎塑料助剂简介

塑料助剂是用于塑料成型加工品的一大类助剂，包括增塑剂、热稳定剂、产品样图、抗氧剂、光稳定剂、阻燃剂、发泡剂、抗静电剂、防霉剂、着色剂和增白剂、填充剂、偶联剂、润滑剂、脱模剂等。其中着色剂、增白剂和填充剂并不是塑料专用的化学品，而是一种非常广泛的配合材料。

◎塑料助剂发展历程

塑料助剂是在聚氯乙烯工业化之后才逐渐发展起来的添加剂，在20世纪60年代之后，由于石油化工的兴起，塑料工业的发展也非常地迅速，塑料助剂已经成为一种重要的化工行业。根据各国塑料品种构成和塑料用途上的差异性，塑料助剂消费量约为塑料产量的8%～10%。目前，增塑剂、阻燃剂和填充剂也是用量非常大的塑料助剂。

◎类别大全

塑料助剂的分类有很多种方式，比较通行的方法就是按照助剂的功能和作用来进行不同的分类。在功能相同的类别之中，往往还要根据作用机理或者化学结构类型来进一步的细分。

1. 增塑剂

一类增加聚合物树脂的塑性，赋予制品柔软性能的助剂，也是迄今为止产耗量最大的塑料助剂类别就是增塑剂。增塑剂主要用于 PVC 软制品中，同时在纤维素等极性塑料中也有广泛地应用领域。增塑剂所涉及的化合物类别一般包括邻苯二甲酸酯、脂肪二羧酸酯、偏苯三酸酯、聚酯、环氧酯、烷基磺酸苯酯、磷酸酯和

※ 增塑剂

氯化石蜡等，特备是以邻苯二甲酸酯类最为重要。

2. 抗氧剂

以抑制聚合物树脂热氧化降解为主要功能的助剂，属于抗氧剂的范畴。抗氧剂是塑料稳定助剂最主要的类型，几乎所有的聚合物树脂都涉及到抗氧剂的应用。按照作用机理，传统的抗氧剂体系一般包括主抗氧剂、辅助抗氧剂和重金属离子钝化剂等。主抗氧剂以捕获聚合物过氧自由基为主要功能，又有"过氧自由基捕获剂"和"链终止型抗氧剂"之称，涉及芳胺类化合物和受阻酚类化合物两大系列产品。辅助抗氧剂具有分解聚合

物过氧化合物的作用，也称"过氧化物分解剂"，包括硫代二羧酸酯类和亚磷酸酯化合物，通常和主抗氧剂配合使用。重金属离子钝化剂俗称"抗铜剂"，能够络合过渡金属离子，防止其催化聚合物树脂的氧化降解反应，典型的结构如酰肼类化合物等。

3. 热稳定剂

热稳定剂主要指聚氯乙烯以及氯乙烯共聚物加工所形成的稳定剂。聚氯乙烯及氯乙烯共聚物属热敏性树脂，它们在经过受热加工的时候容易释放氯化氢，从而会引发热老化降解的反应。热稳定剂一般通过吸收氯化氢，取代活泼氯和双键加成等方式来达到热稳定化的主要目的。

※ 热稳定剂

▶ 知 识 窗

在工业方面广泛应用的热稳定剂品种大致包括盐基性铅盐类、金属皂类、有机锡类、有机锑类等主稳定剂和环氧化合物类、亚磷酸酯类、多元醇类、个二酮类等有机辅助的稳定剂。由主稳定剂、辅助稳定剂与其他助剂配合而成的复合稳定剂品种，在热稳定剂市场上面具有举足轻重的地位。

认识我们身边的石油

4. 加工改性剂

如果按照传统意义上的加工改性剂几乎特指硬质 PVC 在加工的过程中所使用的旨在改善塑化性能、提高树脂熔体黏弹性和促进树脂熔融流动的改性助剂，这种助剂以丙烯酸酯类共聚物（ACR）为主，在硬质 PVC 制品加工过程中具有非常突出的作用。从现代意义上来讲的加工改性剂概念已经延展到聚烯烃（如线性低密度聚乙烯 LLDPE）、工程热塑性树脂等领域中，预计在未来几年金属树脂使用之后还会出现更新更广的加工改性剂品种。

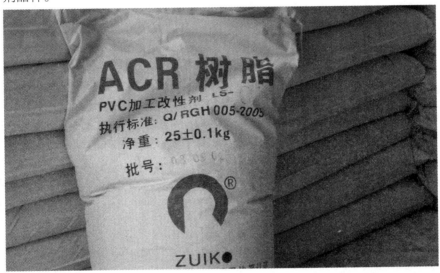

※ 加工改性剂

5. 抗冲击改性剂

一般情况下，凡是能够提高硬质聚合物制品抗冲击性能的助剂被统称为抗冲击改性剂。传统意义上的抗冲击改性剂基本建立在弹性增韧理论的基础上，所涉及的化合物也几乎无一例外地属于各种具有弹性增韧作用的共聚物和其他的聚合物。以硬质 PVC 制品为例，目前应用市场广泛使用的品种主要包括氯化聚乙烯（CPE）、丙烯酸酯共聚物（ACR）、甲基丙烯酸酯—丁二烯—苯乙烯共聚物（MBS）、乙烯—乙烯基醋酸酯共聚物（EVA）和丙烯腈—丁二烯—苯乙烯共聚物（ABS）等。聚丙烯增韧改性中使用的三元乙丙橡胶（EPDM）亦属橡胶增韧的范围。20 世纪 80 年代以后，一种无机刚性粒子增韧聚合物的理论应运而生，加上近年来纳米技术的飞速发展，赋予了塑料增韧改性和抗冲击改性剂新的含义。对此，国内外已有大量的专著和文献见诸报道。

6. 阻燃剂

塑料制品一般都具有一定的易燃性，那么这样塑料制品就对其他制品的应用安全带来了很多的隐患。更准确的来讲，阻燃剂被称作是难燃剂比较恰当，因为"难燃"包含着阻燃和抑烟两层含义，较阻燃剂的概念更为广泛。然而，长期以来，人们已经开始习惯使用阻燃剂这一概念，所以目前文献中所指的阻燃剂实际上是阻燃作用和抑烟功能助剂的一种总称。阻燃剂依其使用方式还可以分为添加型阻燃剂和反应型阻燃剂。添加型阻燃剂通常情况以添加的方式配合到基础树脂之中，它们与树脂之间不仅仅是简单的物理混合；反应型阻燃剂一般为分子内包含阻燃元素和反应性基团的单体，就像卤代酸酐、卤代双酚和含磷多元醇等。因为具有反应性能，可以将化学键合到树脂的分子链上，成为塑料树脂的一部分，多数反应型阻燃剂结构还是合成添加型阻燃剂的单体。如果按照化学组成的不同，阻燃剂还可以被分为无机阻燃剂和有机阻燃剂。无机阻燃剂包括氢氧化铝、氢氧化镁、氧化锑、硼酸锌和赤磷等，有机阻燃剂多为卤代烃、有机溴化物、有机氯化物、磷酸酯、卤代磷酸酯、氮系阻燃剂和氮磷膨胀型阻燃剂

※ 阻燃剂

等。抑烟剂的作用为了能够降低阻燃材料的发烟量和有毒有害气体的释放量，一般多为钼类化合物、锡类化合物和铁类化合物等。尽管氧化锑和硼酸锌也有抑烟性，但是经常被作为阻燃协效剂来进行使用，所以被归为阻燃剂体系。

在最近的几年，随着聚合物抗氧理论研究的深入，抗氧剂的分类也发生了一些微妙地变化，最突出的特征就是引入了"碳自由基捕获剂"的概念。这种自由基捕获剂有别于传统意义上的主抗氧剂，它们能够很好地捕获聚合物烷基自由基，这就相当于在传统抗氧体系之中增添了一道防线。此类稳定化助剂目前见诸报道的主要包括芳基苯并呋喃酮类化合物、双酚单丙烯酸酯类化合物、受阻胺类化合物和羟胺类化合物等，它们和主抗氧剂、辅助抗氧剂配合构成的三元抗氧体系能明显地提高塑料制品的抗氧稳定的效果。更应当指出的是，胺类抗氧剂也具有着色污染性能，一般用于橡胶制品之类，而酚类抗氧剂及其与辅助抗氧剂、碳自由基捕获剂构成的复合抗氧体系则主要用于塑料以及艳色橡胶制品中。

｜拓展思考｜

1. 你知道塑料助剂的产品有哪些吗？
2. 塑料助剂是由什么成分组成的？
3. 塑料助剂对人体有危害吗？

认识我们身边的石油

橡胶助剂

Xiang Jiao Zhu Ji

你知道什么是橡胶助剂吗？橡胶助剂的产品有哪些吗？其实橡胶助剂来源于天然橡胶的硫化。在经过80多年的研究之后，直到20世纪20～30年代，慢慢随着硫化促进剂的基本品种2-巯基苯并噻唑以及磺酰胺衍生物和对苯二胺类防老剂的工业化，橡胶助剂才基本形成一种体系。到目前为止，橡胶助剂还依然处于稳定的时期，硫化促进剂和防老剂两类，有机助剂的产量大约为生胶消耗量的4%。国外橡胶助剂的生产也是十分的集中，联邦德国的拜耳股份公司和美国的孟山都公司为主要的生产厂家。

◎我国橡胶助剂工业的发展趋势

而在我国轮胎企业一定要有自己的品牌、世界品牌，那么就相当于有自己的一套核心技术。我们不排除引进国外先进的技术、装备和橡胶助剂等，但是这些引进也要为我国所用才可以，更不能够在关键的时候被别人所卡住，所以国产化目前十分的重要。在国产化方面，首先一定要保证数量，不能时有时无，同时还要要求质量上的稳定，不能时好时坏。如果在数量上不能准确的保证，质量上不能稳定，就会使轮胎企业花费大量的精力去处理由于橡胶助剂的临时变动所产生的一些琐碎的问题。我们强调国产化，重视国产化，并且重要的原因就是价格问题。

▶ **知识窗**

国外橡胶助剂价格非常昂贵，在不得已的时候我们才会进行使用。如果国产化的橡胶助剂数量能够保证、质量稳定、性能优良、价格相对便宜，那么一定会受到轮胎企业的欢迎。其实许多的外资企业也在采购我国生产的各种橡胶助剂。

◎橡胶助剂无毒、无害、无污染化

在加工轮胎的过程中，橡胶一定要经过炼胶、硫化等工艺流程，在高温、高压的作用之下，就会释放出一些有毒有害的气体。但是这些气体对人体健康有一定的危害，所以要改善操作工人的工作环境，这样可以减少有毒有害气体，其中重要的一点就是要淘汰掉那些有毒有害的橡胶助剂，来采用环保型的橡胶助剂。轮胎在使用过程中，会继续受到高温高压的作用，所以会引起轮胎臭氧老化，释放一些有害气体。美国就曾经利用这一点，对我国有些轮胎企业的出口轮胎设置壁垒。而日本普利司通轮胎公司开发一种独特的助剂，抑制轮胎在使用过程中因为生热而使硫黄和橡胶分子继续交联反应从而使轮胎橡胶逐渐地变硬，改进了轮胎的制动性、牵引性以及轮胎的噪声。其实轮胎的噪声也是一种环境污染。一条马路上成千上百辆汽车都不停的驶过，会引起共鸣，当然这噪声会影响人们的休息和睡眠等。城市高架道路两边都设立噪声隔离带，但是其实这是一种消极的方法。从根本意义上来说，还是要改进轮胎的结构以及橡胶的配方问题。

　　在近几年中，我国橡胶助剂工业发展也逐渐变快，特别是一些外资公司进入这个领域之后，我国橡胶助剂无论在数量、质量还是科技含量上面都有很明显的提高，基本上能够满足我国橡胶工业的需求。但是，适合高性能子午胎的一些用量少、质量好、性能高的橡胶助剂还需要进口。因此，我国橡胶助剂行业要加大科技的投入，并且努力创造新的奇迹，积极开发出适合我国轮胎工业发展的新型橡胶助剂。当然，想要完成这个任务，轮胎行业有义不容辞的责任。所以，希望轮胎企业、橡胶助剂企业以及橡胶研究院所积极联手，并且加强合作关系，走向共同开发的路子，能够尽快地缩短我国橡胶助剂和国外橡胶助剂的差距。现在，在橡胶助剂行业之中，也在积极开发纳米氧化锌、纳米炭黑、纳米碳酸钙等，这些纳米级的橡胶助剂，对提高胶料质量、提高轮胎性能都是非常有益的。总之我国的橡胶助剂必须具备高科技含量，才能在激烈的市场竞争中立于不败之地。

| 拓展思考 |

1. 你知道橡胶主助剂有哪些吗？
2. 为什么橡胶助剂没有污染和危害呢？
3. 哪些国家用的橡胶助剂比较多？

认识我们身边的石油

粘合剂

Nian He Ji

粘合剂实际上是一种生的添加剂，由泵输送到瓦楞机上，然后涂到楞峰上面。当其处于生的状态的时候就没有一定的黏性，只有其在糊线上加热到一定温度的时候，才会变成一种强韧的粘合剂。

◎粘合剂原料工艺

硼砂也有粉状和粒状之分，细粒状的硼砂为最好。硼砂可以根据强度分为两种级别。10摩尔硼砂有10个水分子，被称为10级水硼砂。5摩尔硼砂有5个水分子，称5级水硼砂，5摩尔硼砂的浓度比较的高，0.35千克的

※ 粘合剂

5摩尔硼砂就相当于0.454千克的10摩尔硼砂。那么同样量的两种硼砂如果用错的话，就会产生非常严重的后果。如果将硼砂加入生成淀粉和水乳液之中，然后将混合物在进行加热，当淀粉吸收水分之后就会迅速地膨胀，并且变得比没加入硼砂的时候更加粘稠。硼砂的添加量也有一定的限度，否则的话，就会影响淀粉的膨胀性能，胶化的浆糊就会变脆，干燥的时候呈粉末状态。苛性钠只要含76％氧化钠，并且没有添加剂的商品级，屑状粒状或者是片状皆都可以进行使用。成分相当于98％的氢氧化钠。苛性钠会吸收空气中的水分从而降低它的强度。因此，包装桶一旦有损坏的话，最好不宜进行使用。当打开桶盖取料之后，应该立刻将桶盖盖紧。

◎苛性钠

苛性钠是一种强碱，当处于干燥状态或者是溶于水中都会严重灼伤肌肤。操作苛性钠的时候就必须戴面罩以及橡皮手套，并且随时准备一瓶醋，以便于及时处理苛性钠沾染的皮肤。苛性钠溶于水的时候就会冒烟，千万不要吸入冒出来的烟，那种烟具有一定的毒素。

※ 苛性钠

▶ 知 识 窗

当苛性钠加入生的淀粉与水的乳液中，并且将混合物进行加热，就可以直接降低淀粉膨胀和胶化的温度。也可以根据这一特点，利用添加苛性钠的量以精确控制淀粉膨胀和胶化的温度。但是添加量太大的话就会使胶化的质点进行分裂，这样使黏度开始降低，并且还会使糊中生淀粉进行提前的胶化。

◎甲醛

甲醛 37％ 都会呈现水溶液状态，按照配方规定的容积或者湿重来进行计量。在一般粘合剂中使用甲醛大多是为了防腐性。在一些防水粘合剂配方中被当作是一种化学交联剂。操作甲醛必须配戴防护的设备，因为甲醛会对眼睛和皮肤具有非常强烈的刺激性，并且一定不要吸入烟气。

※ 甲醛用于房屋装修

◎水性粘合剂

水性粘合剂主要是通过表面吸收水份来完成干固或者是粘结的，粘合剂中的生固体淀粉，在糊线上胶化吸收水份。粘结时间为几秒钟至一分钟左右。水份逐渐地被周围的空气和纸纤维吸收。这种传统方式的粘合剂一般用于瓦楞纸板生产线，能立即产生坚固的粘结效果。为达到满意的粘结效果，在淀粉和水乳液中须加入一种稍有黏性的悬乳液，内含预先胶化的淀粉。这种悬乳液能使生淀粉悬浮于水中并防止其沉淀；调节黏度以便使纸纤维适当湿润初步粘附；保证生淀粉分子周围有大量水份，以便加热时淀粉能最大限度地膨胀并完全胶化；须加入苛性钠以调整和控制淀粉的胶化温度，直至最低。为达到满意的粘结效果，还须加入硼砂，使生淀粉在加热时吸收所有可供吸收的水份；使淀粉胶化时产生适当的黏性和韧性；起到缓冲剂的作用，防止苛性钠在最低胶化温度之下使一部分生淀粉膨胀。

◎耐水粘合剂

耐水粘合剂与普通粘合剂不同之处就是通常含生淀粉比较多，苛性钠相对就比较少，不含或者很少含硼砂，当然，在耐水粘合剂中添加一定量的防水剂。可以采用的防水剂也有很多，都是水溶性树脂。这类树脂与甲醛发生化学交联之后，在糊线上进行加热就会变成不溶于水、并且具有一定耐水性的粘合剂。大部分耐水粘合剂的寿命都有一定的限度。有的是随着时间的推移来进行逐渐变稠，甚至在搅动的情况之下也不能够避免。有的机械操作性能比较好，但是其耐水程度就会大幅降低。所以，粘合剂配好之后就要尽快地进行使用。

◎如何保管粘合剂

粘合剂多数是以高分子物质为体系，有的就要加入一定的溶剂，依靠化学反应或者是物理作用来实现固化，这些在粘合剂保管过程之中就会缓慢地发生，所以，粘合剂都具有一定的储存期，这与储存条件，例如湿度、温度、通风等都有一定关系。为了确保粘合剂在规定期限内性能不受变化，严格注意保管粘合剂的方法就十分的必要。对于不同胶种的粘合剂，因为其性质有所不同，当然在保管条件上也有不一样之处。现在将几种经常用的粘合剂保管的注意事项简介如下：环氧树脂粘合剂应该在通风、干燥、阴凉、室温环境储存，期限为半年到一年的时间；酚醛树脂粘合剂应装在密闭的容器中，储存于阴凉、远离火源的地方，期限为半年到一年；多异氰酸酯胶液应该装入棕色瓶之中，要避光低温进行储存，不能用金属容器进行储存，不能用橡胶与软木瓶塞，并且严防水分的进入，否

认识我们身边的石油

则就会发生聚合变质；预聚体聚氨酯粘合剂切忌低温储存，以防发生凝结的现象，甲组分可储存期为 2 年，乙组分要注意防潮现象，并且避免与水分或者是其他含活泼氢的物质进行接触，期限为半年到一年。脲醛树脂粘合剂储存的温度应该尽量低。如果加入 5% 的甲醇呵可以提高储存的稳定性。氯丁橡胶粘合剂的盛装容器，密封性也要好。室温下进行储存，温度不可以过高（>30℃）或过低（<5℃），一定要远离火源。储存期为 3～6 月，a-氰基丙烯酸酯粘合剂应该在密封、低温、干燥、避光、阴凉的地方进行储放，期限为一年。玻璃瓶盛装相对要比塑料瓶盛装的储存时期要长。厌氧胶应该储存在阴凉、避光之处，储存期为半年，包装容器的材料也应该是聚乙烯，千万切忌使用铁制容器，并且不可以装满，以免隔绝空气而聚合变质失效。SGA 粘合剂应该密封储存，两组分必须隔离，放在阴凉、通风、低温、干燥处的时候，期限为半年到一年的时间。聚醋酸乙烯酯乳液（乳白胶）要用玻璃、陶瓷、塑料的容器进行包装，储放温度为 5℃～30℃，并且要注意防冻，储存期为一年。热熔胶应该在避光、隔热、室温下进行储存，无机粘合剂也应该密封进行储存，以防吸潮影响使用价值。

◎粘合剂绿色革命

在 1991 年 5 月的时候，国家经委、技术监督局、外贸部再次进行通知，"自 1992 年国内所有包装厂禁用泡花碱为粘合材料"。但是苦于一直没有找到替代品，国外有人讥称：中国有一流的产品，但是包装却是不入流的。尤其在当前纸包装行业的发展趋势下，都要求使用绿色包装，保护环境，特别是加入世贸组织对包装环保要求将更高。为了能够满足时代的要求和粘合剂需求以及发展的趋势，新一代的专利产品"龚氏牌"DN-90系列多功能淀粉粘合剂目前应运而生，它是一种新型固体粉末粘合的材料，以淀粉为主要的原料，经过氧化、交链聚合反应而生成。该产品的特点就是无毒、无味、无腐蚀，并且具有初粘强度、干燥快、防潮性能好等特点，储运和使用十分方便，产品无三废污染，并且物美价廉，适用于各类生产规模的厂家进行使用，其产品完全符合国家外贸出口包装的几项要求，该产品的研制者龚经强先生适时而生，创建了龚氏粘合剂发展有限公司，将科技成果转化成实际生产力，为中国人争了一口气。作为国家星火计划推广项目的"龚氏牌"DN-90 快干型淀粉粘合材料不仅淘汰了已经使用百余年的泡花碱（水玻璃），并且代替了昂贵的白浮胶和聚乙烯醇等一些粘合材料，也填补了国内的空白，目前依然处于国际先进领先水平，是以降低纸箱生产成本提高包装质量和增加经济效果的最佳替代的产品。在中国包装业的巨大市场面前，龚氏淀粉沾合材料的问世显得比较重要，它不仅有利于人身健康，并且有利于环保，使用户受益匪浅，仅浙纸集团彩盒厂使用该产品替代乳白胶一年就省下 50 多万元成本。"龚氏牌" DN-90快干型淀粉粘合材料作为一种"绿色"的材料，无疑是给纸包装工业注入了新的活力，并且被誉为中国纸包行业之中的绿色革命。

◎浅谈胶粘剂正确使用方法

（1）粘接工艺的程序：表面处理对于不同性质的被粘物和不同的情况，在进行表面的处理措施。更严格一点可以分为一般方法化学方法和物理方法。在装饰行业之中，主要针对被粘物件进行简单处理。就像尘埃、油污、糙面、水分等方面的处理，并且以确保被粘面清净、干燥、无油污。（2）涂胶被粘表面应均匀涂胶，以确保浸润，尽可能地避免气泡的产生，因为有气孔而使粘接强度会逐渐地降低，并且导致发生脱胶的现象。应该注意一次对准位置，不可以进行错动，可以加压，排除空气，使之紧密的接触。（3）固化胶粘剂通过化学和物理的作用，使其胶层变固体的过程。固化也是获得粘接性能的最后一步，对粘接强度影响也非常大。在固化过程中，温度、压力、时间也是固化工艺的三个重要参数，每一参数的变化对粘接强度都有直接的影响，每一种胶粘剂都有特定的固化温度和时间，固化的时候要施加一定的压力，应该说对所有胶粘剂都是必要的，因为加压更有利于胶粘剂的扩散渗透，与被粘物进行紧密地接触，并且有助于排气体、水份，尽量避免产生气泡、孔隙而使胶层均匀以及被粘物位置保持固定的状态。无论是靠化学反应还是物理作用来完成胶层固化，都需要一定的时间，为了固化完全能够得到最大的粘接强度，必须要保证拥有足够的固化时间，当然这也是通常所提的要在一定时间之内令胶粘剂达到最终的粘力。

拓展思考

1. 什么是粘合剂呢？
2. 哪些产品中使用粘合剂呢？
3. 粘合剂对人体有害吗？

石油化工

Shi You Hua Gong

◎石油化工的概念

其实简单来讲石油化学工业被简称为石油化工，是化学工业的重要组成部分，在国民经济的发展中有着非常重要的作用，并且也是我国的支柱产业部门之一。石油化工主要指以石油和天然气

※ 石油化工

为主的原料，生产石油产品和石油化工产品的加工工业。石油产品又被称为油品，主要包括各种燃料油（汽油、煤油、柴油等）和润滑油以及液化石油气、石油焦炭、石蜡、沥青等物质。在生产这些产品的加工过程中经常被称为石油炼制，就是我们所说的炼油。石油化工产品以炼油过程提供的原料油进一步进行化学加工而获得。生产石油化工产品的第一步就是对原料油和气（如丙烷、汽油、柴油等）进行裂解，以生成以乙烯、丙烯、丁二烯、苯、甲苯、二甲苯为代表的基本化工原料。第二步是以基本化工原料生产多种有机化工原料（约 200 种）以及合成材料（塑料、合成纤维、合成橡胶）。这两步产品的生产都属于石油化工的范围。有机化工原料继续加工就可以制得更多品种的化工产品，在习惯上不属于石油化工的范围。

◎石油化工的作用

1. 石油化工是能源的主要供应者

其实石油化工主要就是指石油炼制生产的汽油、煤油、柴油、重油以及天然气。而天然气是当前能源的主要供应者，使用范围非常广泛。

2. 各工业部门离不开石化产品

交通事业的逐渐发展与燃料供应是息息相关的，可以不夸张的来讲，如果没有燃料，就没有现代发展甚好的交通工业。金属加工、各类机械毫无例外需要各类润滑材料及其他配套材料，消耗了大量石化产品。全世界

认识我们身边的石油

润滑油脂产量约 2 千万吨，我国约 180 万吨。建材工业是石化产品的新领域，如塑料关材、门窗、铺地材料、涂料被称为化学建材。轻工、纺织工业是石化产品的传统用户，新材料、新工艺、新产品的开发与推广，无不有石化产品的身影。当前，高速发展的电子工业以及诸多的高新技术产业，对石化产品，尤其是以石化产品为原料生产的精细化工产品提出了新要求，这对发展石化工业是个巨大的促进。

▶ 知 识 窗

在 1995 年的时候我国生产燃料油就为 8 千万吨，目前，全世界石油和天然气消耗量约占总能源消耗量的 60％；我国因为煤炭使用量非常大，石油的消耗量不到 20％。石油化工提供的能源主要作为汽车、拖拉机、飞机、轮船、锅炉的燃料，极少量是用作民用燃料。能源是制约我国国民经济发展的一个重要因素，石油化工大约消耗总能源的 8.5％，应该不断降低能源的消耗总量标准。

3. 石油化工是材料工业的支柱之一

金属、无机非金属材料和高分子合成材料，被统称为三大材料。全世界石油化工提供的高分子合成材料目前产量大约是 1.45 亿吨。在 1996 年的时候，我国就已经超过了 800 万吨。除了合成的材料之外，石油化工还提供了绝大多数的有机化工原料，在属于化工领域的范围内，除了化学矿物提供的化工产品之外，石油化工生产的几种原料，在各个部门中大显身手。

4. 石油化工促进了农业的发展

农业是我国国民经济的基础产业，石化工业提供的氮肥占化肥总量的80％，农用塑料薄膜的推广使用，加上农药的合理使用以及大量农业机械所需各类燃料，形成了石化工业支援农业的主力军。

石油产品可以分为石油燃料、石油溶剂与化工原料、润滑剂、石蜡、石油沥青、石油焦等六类。其中各种燃料产量最大，大约是占总产量的90％；各种润滑剂品种比较的多，产量大约占 5％。各国按照规定制定了产品的标准，这样以适应生产和使用的需求。

| 拓展思考 |

1. 石油化工的主要作用是什么？
2. 石油化工在目前社会用量如何？

◎抗氧抗腐剂产品类型

你知道什么是抗氧抗腐剂吗？抗氧剂和抗氧抗腐剂有胺型、酚型、胺酚型、硼酸酯型、二烷基二硫代磷酸盐（锌盐）、二烷基二硫代氨基甲酸盐（锌或镉）以及有机硒化物。

（1）胺类抗氧剂：胺类抗氧剂热分解温度非常的高，可以使用在150℃以上的条件，一般多用于中性和碱性润滑脂中。最常用的就是二苯胺和苯基-α-萘胺，苯基-β-萘胺，有的时候也使用二异辛基二苯胺、β-萘胺、N-二仲丁基对苯二胺、N-环己基-N-苯基及苯二胺等。在胺类抗氧剂之中，苯基-α-萘胺、β-萘胺是属于致癌物质，现已发展了硫代氨基甲酸盐来作替代品。润滑脂中抗氧剂添加量一般为 0.3%～2.0%。二苯胺为白色的晶体，当遇到光的时候就会变黄，有弱碱性，溶于乙醇等有机溶剂中，稍溶于水。β-萘胺，白色晶体，是有毒的物品，熔点为 119℃，容易进行挥发。N 苯基-α-萘胺，又名为防老剂甲，无色片状，有毒，使用温度为 50℃。

（2）抗氧抗腐剂一般在酸性介质中具有良好的抗氧化效果，因此在呈酸性的润滑脂中添加酚类抗氧剂效果很好。在实际生产之中，可以将胺类和酚类复合进行使用，当润滑脂呈现碱性的时候，胺类抗氧剂就起到了作用，当润滑脂被氧化产生酸之后，就会逐渐呈中性以及酸性的时候，酚类抗氧剂将会起作用。润滑脂常用的酚类抗氧剂有 2、6-二叔丁基对甲酚，添加量一般为 0.2%～1.0%。2、6-二叔丁基对甲酚为白色晶体，当遇到光的时候就会变色，发黄再逐渐变得更深，熔点为 70℃，沸点为 257℃，由于高温挥发性非常的大，使用温度不超过 120℃。β-萘酚，也叫 2-萘酚，白色晶体，有明显的气味，长期暴露在空气之中就会变暗，有毒，熔点为 123℃，沸点 285℃，能进行升华，能与水蒸气一起挥发，微溶于水，极其容易溶于乙醚。用于制造燃料、颜料等。

（3）有机硫化物抗氧剂吩噻嗪（硫叉二苯胺、硫氮杂蒽）可以用作高温润滑脂的抗氧化添加剂，添加量一般为 0.3%～1.0%。使用温度可以达到150℃以上，一般为浅黄绿色，如果长时间存放于空气之中的话就容易氧化颜色就会变深，熔点185℃，不溶于水，微溶于乙醇和石油，可以用于制造杀虫剂和燃料中。

（4）有机硒化物抗氧剂如十二烷基硒，二芳基硒。具有优异的抗氧化性能，主要用作高温润滑脂的抗氧剂。高温安定性能超过了大多数抗氧抗腐剂，可以用于特殊军用和喷气发动机油、润滑脂、汽轮机油、液压油、循环油、变压器油等，添加量一般为0.05％～0.5％。

（5）食品机械润滑脂的抗氧剂食品机械润滑脂对抗氧剂也有非常特殊的要求，应该保证无害、无毒、无污染。一些食品常用的抗氧剂，对食品机械也有一些效果，如硫代二丙酸二月桂酯、叔丁基羟基茴香醚、二丁基羟基甲苯等。硫代二丙酸二月桂酯，白色絮状结晶固体，稍微带有甜味，没有毒害，可以进行燃烧，熔点为40℃，相对密度为0.975，优良的辅助抗氧剂，与主抗氧剂一起并用，广泛地应用于聚丙烯、聚乙烯、ABS树脂及合成橡胶中。硫代二丙酸双十八酯，抗氧效果非常强，但是溶解性就稍差，可以作为聚乙烯、聚丙烯、橡胶、树脂等的抗氧剂来进行使用。

◎抗磨剂

抗磨剂是一种高科技的机油（润滑油）添加剂，利用各种技术手段加工而制成的，可以降低发动机的磨损性、增加HYB-B便携式抗磨试验机发动机功率，所以被称为发动机养护剂或者是强力修复剂，能够延长机油的使用寿命，并且更节省燃油。

在传统的润滑理论之中，就把润滑分为液体润滑和边界润滑来使用。作为相对运动的两个金属表面完全被润滑油膜隔开，也没有金属的直接接触，这种润滑状态就被叫做液体的润滑；随着载荷的逐渐地增加，金属表面之间的油膜厚度也开始逐渐地减薄，当载荷增至一定程度的时候，连续的油膜就被金属表面的峰顶所破坏，局部会产生金属表面之间的直接接触，这种润滑状态叫做边界润滑。在边界润滑之中，当金属表面只承受中等负荷的时候，如果有一种添加剂能够被吸附在金属表面上或者是与金属表面剧烈地磨损，这种添加剂称为抗磨添加剂。当金属表面承受很高的负荷的时候，大量的金属表面就会进行直接接触，从而会产生大量的热，那么抗磨剂形成的保护膜就会被破坏，不再起保护金属表面的作用，如有一种添加剂能够与金属表面起化学反应生成化学反应膜，那么就起到润滑的作用，防止金属表面的擦伤，甚至是熔焊，我们通常把这种最苛刻的边界润滑叫做极压润滑，而这种添加剂称为极压添加剂。由于其在适用性能和作用机理上的区分并不是非常的严格，所以有的时候很难将二者进行区分开。所以在西方国家，就把极压剂、抗磨剂和油性剂统称为载荷添加剂。极压抗磨剂是一种重要的润滑脂添加剂，其余大部分是一些含硫、磷、氯、铅、钼的化合物。在一般情况下，氯类、硫类可以提高润滑脂的耐负荷能力，防止金属表面在高负荷条件下发生烧结、卡咬、刮伤等情况；而磷类、有机金属盐类则具有较高的抗磨能力，可以防止或者是减少金属表面在中等负荷条件下的磨损性。在实际应用之中，通常将不同种类的极压抗磨剂按照一定的比例混合使用性能就会更好些。一般磷化物则具有抗磨性能，二氯化物与硫化物具有极压性。同时含氯和含磷或者是含硫化合物，既具有极压性，又具有抗磨性。目前市面上比较多的有劲力宝纳米抗磨剂、长城、魔域和近年研制成功的高效环保节能型鑫亚1号纳米抗磨剂。

◎金属抗磨剂的用途及用法

金属抗磨剂应用独特的纳米技术形成的 SP 型活性分子能在金属表面形成非常光滑的防护膜，这样以实现抗磨、减磨、耐热以及抗腐蚀的保护作用。它能与各种润滑油进行融合，并且具有功效稳定持久、耐高温、高速、高负载、防止油品氧化及防止积炭等特性。适用于各种不同金属材质摩擦的各种仪器设备需要中，是属于目前技术含量高的一类抗磨添加剂。应用于重负载齿轮箱、液压系统、内燃机等，就像船舶、矿山机械、火车、工业齿轮箱、切割及锻压加工、轴承润滑等。添加比例可以按照润滑油的 3％ 来进行添加，使用之前请先混合均匀。由于抗磨剂比重比较大，使用前要将抗磨剂与润滑油充分的进行搅拌，才可以发挥最大的功效。汉非·劲力宝纳米抗磨剂——真正的纳米抗磨剂汉非·劲力宝企业，成立于1999 年，主要从事润滑技术研究和相关产品开发，自主研发的"高效节能纳米抗磨剂及其制备方法和应用"不仅解决了金属纳米抗磨材料颗粒在流体润滑产品中容易团聚、沉淀不能够更好的发挥"极压抗磨"效果两项世界技术难题。同时实现了纳米润滑材料极压抗磨性能的广大突破。应用该先进润滑技术，可以减少摩擦之间的磨损程度，以降低恶性机械事故的发生概率，可以提高效能，这样以达到节能、降耗、减排和环保的目的，从而实现巨大的经济效益。汉非·劲力宝是国家"高新技术企业"，企业全面通过了 ISO9001－2008 国际质量管理体系的认证；"高效节能纳米抗磨剂"通过了河北省科技厅组织的科学技术成果的鉴定，鉴定结论是：高效节能纳米抗磨剂的研究是成功的，节能减排效果非常明显，工艺技术也比较先进。社会、经济效益非常显著，前景也非常的好。整体技术水平国际先进，成果登记号 20082700；并且技术获得了 20 年的国家发明专利授权保护，专利号 ZL200810079682.4；"年产 8 600 吨高效节能纳米抗磨剂润滑剂项目"已获得固定资产投资备案；"年产 5 万吨高效节能纳米抗磨剂润滑剂项目"已由国家发改委、财政部列入 2010 年国家科技创业风险投资项目；公司拥有核心技术发明专利 1 项，其他专利 5 项；"高效节能纳米抗磨剂"发明专利被河北省知识产权局推选为第十二届中国专利奖备选项目。领先的技术重负荷高承载极压抗磨、减磨、高效节能、环保、凭借高效节能纳米抗磨剂专利技术，汉非劲力宝润滑技术在全球已经处于先进的技术前沿。主要产品有"高效节能纳米抗磨剂"以及在该技术支持下生产的高效节能工业润滑油、工业抗磨剂、高承载重负荷工业齿轮油、纺织机械用油、燃料油抗磨剂、纳米润滑脂、汽车润滑油、汽车抗磨剂、纳米金属冲压用油和多种金属切削加工液及添加剂等系列产品。凭借着高效节能纳米抗磨剂专利技术，汉非·劲力宝润滑技术在全球应该处于技术前进的前沿。汉非·劲力宝不仅可以提供比较可靠的润滑技术、润滑产品、润滑设备、检测设备等，作为技术服务的一部分，还能够提供政府项目合作、咨询、论证、合同节能以及系统的润滑管理培训、技术咨询和现场管理方案等。从汉非无可匹敌的完备的系列润滑产品之中，完全可以放心的使用。针对特殊润滑的应用，汉非也为客户提供快捷可靠的专程解决方案。服务领域汉非是全球顶尖的润滑技术供应商之一。齐全的产品种类和量身定制的服务可为几乎所有存在摩擦磨损的应用领域提供理想的解决方案。除钢铁、冶金、矿山、石油化工、军事装备、机械制造、风电、煤炭、高速铁路、航运、金属加工、航空航天等高能耗、极端苛刻条件应用领域外，纺织、食品机械、木工设备、体育器械、精密仪器和儿童产品也是一种服务的对象。

◎分散剂

分散剂是一种化学品，当加入水的话就会增加其去颗粒的能力，分散剂的定义是分散剂能降低分散体系中固体或液体粒子聚集的物质。在制备乳油和可湿性粉剂时加入分散剂和悬浮剂易于形成分散液和悬浮液，并且保持分散体系的相对稳定的功能。使用有三种类型：原型机和少数量运行、标准生产线和/或生产数量、以及那些指定实际图形的政府合约。

◎分散剂的作用

　　分散剂的作用是使用润湿分散剂可以减少完成分散过程中所需要的时间和能量，以稳定所分散的颜料分散体，改性颜料粒子表面的性质，以调整颜料粒子的运动性能，具体体现在以下几个方面：可以缩短分散的时间，并且提高光泽，提高着色力和遮盖力，改善展色性和调色性、防止浮色发花、防止絮凝、防止沉降等。促使物料颗粒均匀分散于介质之中，形成稳定的悬浮体的药剂。分散剂一般可以分为无机分散剂和有机分散剂两大类。常用的无机分散剂有硅酸盐类（例如水玻璃）和碱金属磷酸盐类（例如三聚磷酸钠、六偏磷酸钠和焦磷酸钠等）。有机分散剂包括三乙基己基磷酸、十二烷基硫酸钠、甲基戊醇、纤维素衍生物、聚丙烯酰胺、古尔胶、脂肪酸聚乙二醇酯等。能提高和改善固体或者液体物料分散性能的一种助剂。当固体染料研磨的时候，就加入分散剂，这样有助于颗粒粉碎并且阻止已经碎颗粒凝聚而保持分散体的稳定。不溶于水的油性液体在高剪切力搅拌之下，可以分散成很小的液珠，当停止搅拌的时候，在界面张力的作用之下很快就会分层，从而加入分散剂之后进行搅拌，则能够形成稳定的乳油液。其主要作用就是降低液－液和固－液间的界面张力。因而分散剂也是表面活性剂。种类有阴离子型、阳离子型、非离子型、两性型和高分子型。阴离子型用得最多。一个优良的分散剂应满足以下要求：（1）分散性能比较好，防止填料粒子之间相互聚集；（2）与树脂、填料有适当的相容性，热稳定性良好；（3）成型加工时的流动性好，不引起颜色飘移；（4）不影响制品的性能，没有毒、并且非常的价廉。

◎种类

　　脂肪酸类、脂肪族酰胺类和酯类。

　　硬脂酰胺与高级醇并用，可以改善润滑性和热稳定性能，用量（质量分数，下同）0.3%～0.8%，还可以作为聚烯烃的滑爽剂；己烯基双硬脂酰胺，也被称为乙撑基双硬脂酰胺，是一种熔点非常高的润滑剂，用量为0.5%～2%；硬脂酸单甘油酯，三硬脂酸甘油酯；油酸酰用量0.2%～0.5%；烃类石蜡固体，熔点为57℃～70℃，不溶于水，但是却溶于有机溶剂，树脂中的分散性、相容性、热稳定性均差，用量一般在0.5%以下。

◎金属皂类

高级脂肪酸的金属盐类，称为金属皂，如硬脂酸钡适用于多种塑料，用量为 0.5% 左右；硬脂酸锌适于聚烯烃、ABS 等，用量为 0.3%；硬脂酸钙适于通用塑料，外润滑用，用量 0.2%～1.5%；其他硬脂酸皂如硬脂酸镉、硬脂酸镁、硬脂酸铜。

◎低分子蜡类

低分子蜡是以各种聚乙烯（均聚物或共聚物）、聚丙烯、聚苯乙烯或其他高分子改性物为原料，经裂解、氧化而成的一系列性能各异的低聚物。其主要产品有均聚物、氧化均聚物、乙烯-丙烯酸共聚物、乙烯－醋酸乙烯共聚物、低分子离聚物等五大类。其中以聚乙烯蜡，聚乙烯蜡的化学名为聚乙二醇，英文名 PEG（Poly Ethylene Glycol）最为常用的聚乙烯蜡（聚乙二醇）平均相对分子质量为 1500～4000，其软化点为 102℃；其他规格的聚乙烯蜡平均相对分子质量为 10 000～20 000，其软化点为 106℃；氧化聚乙烯蜡的长链分子上带有一定量的酯基或皂基，因而对 PVC、PE、PP、ABS 的内外润滑作用比较平衡，效果较好，其透明性也好。由于分散剂的种类和实际应用的环境很多，所以选择合适的分散剂很重要。聚乙二醇 200 或 400（分子量约 190～420）是水溶性分散体系的良好分散剂、增溶剂、润湿剂、溶剂。聚乙二醇 200 或 400 是亲油的，可以很好的跟有较低亲水亲油平衡值（HLB value）的分散物形成稳定的分散体系。产品性能 HPMA 是一种低分子量聚电解质，一般相对分子量为 400～800，无毒，易溶于水，化学稳定性及热稳定性高，分解温度在 330℃以上。在高温（<350℃）和高 pH 下有明显的溶限效应。HPMA 适用于碱性水质或同其他药物复配使用。HPMA 在 300℃以下对碳酸盐仍有良好的阻垢分散效果，阻垢时间可达 100 小时。由于 HPMA 阻垢性能和耐高温性能优异，因此在海水淡化的闪蒸装置中和低压锅炉、蒸汽机车、原油脱水、输水输油管线及工业循环冷却水中得到广泛使用。另外 HPMA 有一定的缓蚀作用，与锌盐复配效果更好。

◎选择分散剂

在我们涂料生产的过程中，颜料分散是一个非常重要的生产环节，它直接关系到涂料的储存、施工、外观以及漆膜的性能等方面，所以如何合理地选择分散剂就是一个非常重要的生产环节。但是涂料浆体分散的好坏不光和分散剂有一定的关系，也和涂料配方的制定以及原料的选择都有一定的关系。分散剂也就是说把各种粉体合理地分散在溶液之中，在通过一定的电荷排斥原理或者是高分子位的阻效应，使各种固体能够非常稳定地悬浮在溶剂之中（或分散液）。

▶ 知识窗

·位阻效应·

一个稳定分散体系的形成，除了利用静电排斥之外，即吸附于粒子表面的负电荷互相排斥，以阻止粒子与粒子之间的吸附/聚集而最后形成大颗粒而分层/沉降之外，还要利用空间位阻效应的理论，即在已吸附负电荷的粒子互相接近时，使它们互相滑动错开，这类起空间位阻作用的表面活性剂一般是非离子表面活性剂。灵活运用静电排斥配合空间位阻的理论，既可以构成一个高度稳定的分散体系。高分子吸附层有一定的厚度，可以有效地阻挡粒子的相互吸附，主要是依靠高分子的溶剂化层，当粉体表面吸附层达 8～9 钠米时，它们之间的排斥力可以保护粒子不致絮凝。所以高分子分散剂比普通表面活性剂好。

水性涂料使用的分散剂必须水溶，它们被选择地吸附到粉体与水的界面上。目前常用的是阴离子型，它们在水中电离形成阴离子，并具有一定的表面活性，被粉体表面吸附。粉状粒子表面吸附分散剂后形成双电层，阴离子被粒子表面紧密吸附，被称为表面离子。在介质中带相反电荷的离子称为反离子。它们被表面离子通过静电吸附，反离子中的一部分与粒子及表面离子结合比较紧密，它们称束缚反离子。它们在介质成为运动整体，带有负电荷，另一部分反离子则包围在周围，它们称为自由反离子，形成扩散层。这样在表面离子和反离子之间就形成双电层。动电电位：微粒所带负电与扩散层所带正电形成双电层，称动电电位。热力电位：所有阴离子与阳离子之间形成的双电层，相应的电位。起分散作用的是动电电位而不是热力电位，动电电位电荷不均衡，有电荷排斥现象，而热力电位属于电荷平衡现象。如果介质中增大反离子的浓度，而扩散层中的自由反离子会由于静电斥力被迫进入束缚反离子层，这样双电层被压缩，动电电位下降，当全部自由反离子变为束缚反离子后，动电电位为零，称之为等电点。没有电荷排斥，体系没有稳定性发生絮凝。

◎石蜡类

尽管石蜡属于外润滑剂，但为非极性直链烃，不能润湿金属表面，也就是说不能阻止聚氯乙烯等树脂粘连金属壁，只有和硬脂酸、硬脂酸钙等用时使用，才能发挥协同效应。液体石蜡：凝固点（$-35℃$）～（$-15℃$），在挤出和注射成型加工时，与树脂的相容性较差，添加量一般为 0.3%～0.5%，过多时，反而使加工性能变坏。微晶石蜡：由石油炼制过程中得到，其相对分子质量比较大，且有许多异构体，熔点 65℃～90℃，润滑性和热稳定性好，但分散性较差，用量一般为 0.1%～0.2%，最好与硬脂酸丁酯、高级脂肪酸并用。

拓展思考

1. 你知道什么是抗氧抗腐剂吗？
2. 抗磨剂有哪些作用呢？

认识我们身边的石油

石

油与我们的生活息息相关

SHIYOUYUWOMENDESHENGHUOXIXIANGGUAN

　　生活中我们所使用的很多物品都和石油有紧密关系,有些甚至是用石油提炼而成的。人类的社会现在已经对石油存在了依赖性,石油为我们带来了交通便捷工具,为我们的生活带来了更多的乐趣,已经成为生活中必不可少的重要物品。那么你想知道石油的一些重要问题吗?本章就为你详细的讲述石油的方方面面。

认识我们身边的石油

石油是怎样加工的

Shi You Shi Zen Yang Jia Gong De

你 知道石油是怎样炼制的吗？在炼制的过程中需要注意哪些流程吗？跟随我们一起让你对石油了解的更彻底，石油炼制工业中会采用各种加工过程。而这些加工过程的各种组合是构成不同类型石油炼厂的主体部分。从分类上习惯将石油炼制过程一般很严格地分为一次加工、二次加工、三次加工三类过程。一次加工过程是将原油用蒸馏的方法分离成轻重不同馏分的过程，通常被称为原油蒸馏，它包括原油预处理、常压蒸馏和减压蒸馏几部分。一次加工产品可以粗略地分为：①轻质馏分油（见轻质油），就是指沸点在大约370℃以下的馏出油，比如粗汽油、粗煤油、粗柴油等。②重质馏分油，是指沸点在370℃～540℃左右的重质馏产生出来的油，就像重柴油、各种润滑油馏分、裂化原料等。③渣油又称残油，从习惯上将原油经常压蒸馏所得的塔底油统称为重油，也称常压渣油、半残油、拔头油等。

而二次加工过程其实是一次加工过程中产生的产物再进行加工。主要是指将重质馏分油和渣油经过各种裂化所生产轻质油的过程，一般包括催

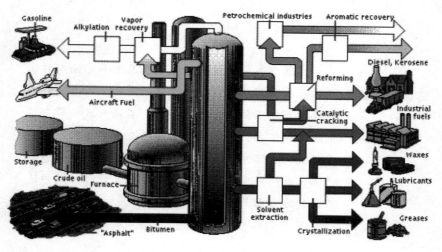

※ 石油炼制过程

化裂化、热裂化、石油焦化、加氢裂化等。其中石油焦化从本质上来讲也是热裂化，但是它是一种完全转化的热裂化，产品除轻质油之外还有石油焦。二次加工过程有的时候还包括催化重整和石油产品精制。催化重整是使汽油分子结构发生一些改变，用于提高汽油辛烷值或者是制取轻质芳烃（苯、甲苯、二甲苯）；而石油产品精制是对各种汽油、柴油等轻质油品来进行精制的过程，或者从重质馏分油来制取馏分润滑油，或者从渣油中制取残渣润滑油等。

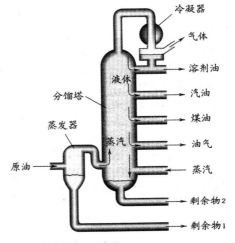

※ 石油分馏加工过程

那么就让我们再来看三次加工过程到底是什么？其实三次加工过程主要是指将二次加工所产生的各种气体来进一步加工，（即炼厂气加工）这样可以生产高辛烷值汽油组分和各种化学品，其中也包括石油烃烷基化、烯烃叠合、石油烃异构化等。

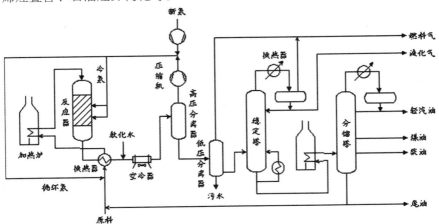

※ 石油提炼示意图

　　说到原油加工，其实原油加工流程就是各种加工过程的一种统称，也被称为是炼油厂总流程，按照原油性质和市场需要有所不同，所组成炼油厂的加工过程也有不一样的形式，可以很复杂，其实也可以非常简单。就像西欧各国加工的原油含轻组分比较多，而煤的资源不多，重质燃料有所不足，有的时候会采用原油常压蒸馏和催化重整这两种过程，得到高辛烷值汽油和重质油（常压渣油），作为燃料油。这种加工流程称为浅度加工。为了能充分利用原油资源和加工重质原油，各国也有向更深处探索加工方向发展的趋势，也就是采用催化裂化、加氢裂化、石油焦化等过程，以原油能够得到更多的轻质油品。不一样的加工过程在生产上面还组成了生产不一样类型产品的流程，其中包括燃料、燃料—润滑油和燃料—化工等类产品的典型流程。

1. 你知道石油加工的过程需要哪些物质吗？
2. 石油的发现和火山爆发有关系吗？

认识我们身边的石油

使用液化气，千万别大意

Shi Yong Ye Hua Qi , Qian Wan Bie Da Yi

液 化气瓶其实是由钢瓶、角阀等部分所组成的，角阀与灶器需要通过胶皮管道连接就可以进行使用。根据国家有关规定，在一般情况下，每个液化气钢瓶所使用的寿命是 15 年，如果达到年限就必须马上更换新的钢瓶。胶皮管的使用期限根据实际使用情况所定。由于高温等的一些原因，胶皮管在使用一段时间之后就容易变硬，甚至发生老化开裂，这个时候也就预示着胶皮管需要更换了，为了保证安全，餐饮业用户使用胶皮管一般不要超过半年的时间，普通家庭使用期限就为两年。

从另一个角度来讲，为了能够保证安全。按照有关规定，液化气钢瓶与灶器距离不能少于 1 米，这样可以避免因为高温造成液化气瓶发生爆炸的现象；如果多个液化气钢瓶共同使用的时候，瓶与瓶之间的距离不能低于 1 米，这样以降低液化气钢瓶因为意外起火的时候牵连其他钢瓶起火。技术人员提醒："在气温高的时候，阳光强烈的地区，应该尽量避免阳光照射液化气瓶。"多数气瓶起火都源于气体的泄漏。用户们一般都会认为，

瓶阀
护罩
阀座
上封头
下封头
底座

※ 安全使用液化气

认识我们身边的石油

※ 要安全使用液化气

气瓶外观比较完好，那么为什么还会出现起火的现象呢？其实，液化气瓶起火大多是因为液化气泄漏。液化气瓶胶皮管老化、开裂、钢瓶角阀会损坏、胶皮管接口固定不牢固、烹饪的时候火焰不慎被汤料浇灭等，这些原因都会引起液化气出现泄漏的现象。如果不及时发现处理的话，当气体浓度到达一定的爆炸极限的时候，遇到电火花或者是其他微量的火星一样会引起爆炸或者是火灾的现象。

要定时排查隐患，每隔一段时间就及时检查所使用的液化气瓶，是一种避免液化气瓶发生爆炸和起火最有效的方法。同时技术人员也提醒我们使用液化气的时候一定要使用正规厂家生产的液化气瓶和燃气用具，并且定期检查灶具以及与其连接的胶皮管。当检查的时候，可以用肥皂水或者其他能够产生泡沫的液体，涂抹在胶皮管或者是连接部位，如果出现气泡的时候，就表示会有泄漏的现象，这个时候，应该迅速关闭钢瓶角阀，同时，马上请专业人员到场进行维修工作。在使用液化气的时候，如果闻到异样的味道，应该关闭灶具，同时关闭钢瓶的角阀。消防人员提醒广大用户朋友，如果发现异常的时候，千万不要随意拆装灶具，应该立刻请燃气部门专业人士来进行处理。另外在使用液化气烹饪的时候，一定要在周围照看，这样可以有效地避免因为汤料等液体溢出浇灭火焰，造成泄漏的现象。

一旦发生液化石油气体发生泄漏的现象，千万不要惊慌，应该慎重，并且迅速地进行处理。漏气处理前和处理过程中，卧室中绝对不能带进明火，也不要打开所有电开关。

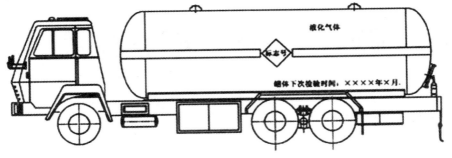

※ 液化气安全运输

▶ 知 识 窗

    1. 在向室外搬运漏气钢瓶和驱赶漏出的液化石油气之前，应该先看好室外的环境，并且确定没有火源再进行驱赶，否则就会把火引进室内来。

    2. 将门窗打开，这样可以加强室内外空气的流通，这样以降低室内空气中液化石油气的一些浓度。由于液化石油气比空气稍微重，地面附近很可能会积存较多，可以用扫帚进行扫地，将它向室外进行驱散。

    3. 迅速查明漏气的部位，并且采取有效措施尽快消除泄漏的现象。检查泄漏应该采用涂刷肥皂水的方法来进行，千万不要用明火去进行检查。对一时不能够立即消除的泄漏，应该将气瓶迅速移至室外空旷、通风的地方，并且布置好警戒，立即通知有关的专业人员来进行各方面的处理工作。漏气处理完毕之后，要再次涂刷肥皂水来进行检查，一直到确定无泄漏无隐患的时候，气瓶才能再进行使用。

    在日常生活中使用液化石油气的时候，一定要小心谨慎，并且要使用合格的液化石油气设备，这样可以尽可能保证家人的安全。

拓展思考

  1. 怎样使用液化气才正确？

  2. 液化气对人体有害吗？

  3. 如果液化气漏气了，你该怎样处理？

石油及天然气与"食"有关系吗

Shi You Ji Tian Ran Qi Yu "Shi" You Guan Xi Ma

我们都知道，生活中人类的"衣"、"住"、"行"都离不开石油和天然气，通常情况下会误以为它们与"食"并没有多大的关系，但是却不知道石油和天然气与现代农业密不可分。农业想要发展，就离不开化肥，而化肥中最主要的就是氮肥，而生产氮肥的原料可以是煤、天然气和石油。当然经济又实用的就是以天然气为原料了。

尿素、硝酸铵和硫酸铵等无论是哪种氮肥全部都是以氨为原料所制成的，所以第一步都是要先合成出氨来。氨是由3个氢原子和1个氮原子构成的一种化合物，氮元素在空气中大量的存在，只是我们该怎

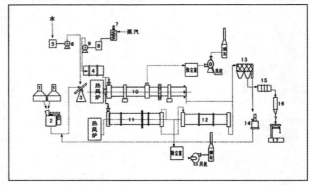

※ 肥料加工过程示意图

样加以分离和利用的问题。而在天然气和石油中也含有大量氢元素，一般轻质油品中的含氢量大约为15％，而以甲烷为主要成分的天然气的含氢量就高达25％，同时其中的碳也能与水通过转化来变出氢来。

而合成氨首先就要懂得怎样制成氢气，制得氢的方法有很多种，其中主要是蒸汽转化法和部分氧化法。所谓蒸汽转化法，其实就是将天然气或者是轻油在800℃～900℃高温和以镍为主要成分的催化剂的作用下，与水蒸气发生反应所生成氢气和一氧化碳，然后再进一步用另外一些催化剂把一氧化碳与水蒸气转化为氢气和二氧化碳，接着在除去二氧化碳这样就制得氢气了。这样既利用了烃类中的氢同时又利用了水中的氢，可以说是一箭双雕。因为轻油本身就是很有用的石油产品，所以用它来作原料来制氢非常不经济，所以目前蒸汽转化法的原料主要就是资源丰富、价格比较便宜的天然气。

▶ 知 识 窗

　　所谓部分氧化法其实是指以重油为原料，在高温的情况下与氧气或者是富氧空气来进行一系列的反应，其中一部分重油完全的进行燃烧，会生成二氧化碳，同时也会放出大量的热能量，这些热能量就又提供给另一部分重油与二氧化碳和水蒸气作用同时会生成一氧化碳和氢气。

　　就这样有了氢气和氮气，那么想要合成氨来不就是轻而易举吗？制气过程中所得的气含有杂质，不但能够腐蚀设备，而且能够使合成氨催化剂失去本身的作用，为此需要经过净化处理来合成。必须在高达 300 大气压（30 兆帕）左右的压力和 500℃ 左右高温之下，采用以铁为活性成分的高效催化剂，才能够有效的取得满意

※ 田间施肥

的转化率。其关键就是催化剂，如果没有高效的催化剂，氢和氮即使在高温高压之下也会形同陌路，长期共处也难以进行结合。

　　在农业上面所使用的氮肥中一多半是尿素，尿素是由氨和二氧化碳反应所生成的。它们的反应温度并不算太高，大体为 180℃～200℃，而要求的压力也是相当高的，要在 140～240 大气压（14～24 兆帕）。

　　氨气除了作为化肥之外，还有很多的用途。例如氨可以用于制冷设备之中，是一种常用的冷冻剂；氨经过氧化可以制成硝酸，硝酸和氨又可以生成硝酸铵，硝酸铵不仅是肥效极好的氮肥，也可以制成威力四射的炸药。

■■■■ 拓展思考 ■■■■

　　1. 在你的生活中哪些物品有用到石油？

　　2. 有什么物体可以代替石油呢？

　　3. 哪个国家的石油量最丰富？

不讲情面的油火

Bu Jiang Qing Mian De You Huo

生活中我们都知道石油和天然气是一种易燃、易爆的危险品，所以我们在使用的时候一定要万分的小心，千万不能够马虎大意，一时的疏忽很可能就会酿成遗憾终生的大祸。

现在市场中许多地方都用天然气来作为燃料，这比用煤要方便得多，同时也比较干净，但是天然气是一种非常容易燃烧和爆炸的危险物，千万不可以掉以轻心。天然气在管线里并不能与空气进行直接接触，没有火源它不会自动的着火。可是一旦出现泄漏现象，那就像老虎出笼一般，随时都会伤人。天然气的主要成分就是甲烷，它的爆炸极限是5%～16%，也就是说，只要浓度在这个范围之内，仅有一颗小小的火星就会一触即发，然后快速发生爆炸。近来以来，屡有报道说，有些楼房因为管道时间长没有进行修理，腐蚀穿孔，导致天然气泄漏而引起爆炸现象，甚至会摧毁整栋大楼，从而造成严重的伤亡现象。平时在家的时候，随时要注意防止天然气发生泄漏的现象，所有的接头一定要严密些，橡皮管或者是塑料管的两头要拴紧，并且要定时更换管子以防止它们发生老化开裂。一旦闻到有

※ 油田爆炸

異味的时候，发现有漏气的可能，就必须马上把气阀关闭，此时千万不能打开任何电开关，不能急着去开排风扇，也不能打电话，要知道电火花是会引发爆炸的。万一发生由于天然气引起的火灾，最要紧的就是马上关住气阀，切断气源。同时马上把烧着的衣服脱掉，假如一时来不及脱的时候，那就马上就地打滚把火进行扑灭，要记住千万不要奔跑，那样火就会越烧越旺造成的伤害会更大，也不要进行大喊大叫，以免烧伤呼吸道。

※ 注意油火的使用

轻质油品中经常用的就是汽油，在封闭的容器之内汽油是不会进行燃烧的。但是，汽油的沸点范围只是从常温至 200℃ 左右，在空气中很容易进行挥发。假如容器是敞开口，那么其周围的汽油浓度就会逐渐增大到很可能发生爆炸的范围，在此时，寥寥的火星就足以燃起熊熊的烈火。所以，千万要切记汽油容器的周围不能够抽烟，也不要打手机，不然就会引起火烧的现象。汽油容器绝不能靠近高温的部位，温度越高的时候它就越容易蒸发成气体，也就随时存在着爆炸燃烧的危险。有人为了能去除衣物和身上的油污，就顺手用汽油来进行洗涤，要知道这样做是非常危险的事情，一旦着火就无法进行挽救了。

▶ 知识窗

柴油比汽油稍微重一些，它的挥发性能就相对小一些，但是它也是比较容易进行燃烧的。柴油有一个质量指标叫做闪点，这是指当它超过某个温度之后，也就是一点就会着火。不同牌号柴油的闪点分别为 45℃ 或者是 65℃，都相当的低。液体燃料必须变成气体之后才能够进行燃烧，柴油沸点范围比较高，挥发性就比汽油的小，一般情况下不容易进行爆炸。一旦着火的话，只要把容器进行盖住，不让它接触空气，那么火就自然会熄灭。

不管是什么样的油料，尤其是轻质油料一定不能倒入下水道。因为，一旦进入下水道之后，它们就会逐渐地气化，直至是充满整个下水道的系统。这个时候，只要有一个小火苗，就会导致整个系统轰然地发生爆炸，而且火焰就会顺着下水道窜向各处。这就不仅使用户受害，而且还会殃及

第四章 石油与我们的生活息息相关

SHIYOUYUWOMENDESHENGHUOXIXIANGGUAN

135

左邻右舍，后果不堪设想，并且在这方面已经有许多血的教训。

※ **不要把液化气倒入下水道**

大家都知道最经常见的救火方法就是浇水，一般情况下这样是可以通过迅速降温把火迅速地灭掉。但是，当遇到油品着火的时候，千万不要进行浇水。这是因为油比水轻，它会浮在水面上到处进行流动，等于是火上加油，事与愿违，那么就会使火的范围更为广阔，后果就会更加的严重。所以，对于油品着火只能用泡沫、干粉或者是二氧化碳来进行扑灭。

| 拓展思考 |

1. 如果石油出现泄漏会有什么样的弊端？
2. 为什么加油站都有防火的标志？
3. 如果不小心碰到了石油，该怎样处理？

怎样才能节约能量消耗

Zen Yang Cai Neng Jie Yue Neng Liang Xiao Hao

现代的企业都想要努力提高经济效益，不然在市场中就无法竞争。如果想要提高经济效益就得千方百计地来降低成本，在炼油厂中很重要的成本就是它所消耗的能量。炼油生产的过程中大部分都是在高温之下进行生产的，如果要将原料进行加热，就要把温度提高到 300℃～400℃甚至 500℃，在经过加工之后又得把产物的温度降低到常温，当然这里也会涉及到很大的热量消耗。

目前，国内炼油厂每次加工 1 吨原油就要消耗掉相当于烧掉 70～95千克原油能量，大约占加工原油的 7％～9.5％，并且是相当可观的。因为这样，为了能够降低成本，就必须开始精打细算，尽量降低能量的消耗量。炼油厂里面也有许多加热的炉，它们是以炼油厂自产的燃料气或者是重油来作为燃料的。在加热炉的设计和操作之中，就是要使燃料燃烧更完全，不能让烟囱冒出黑烟。对燃料燃烧释放出来的能量就要能够充分地利用，不能让它白白地损失。即使是燃烧之后所生成废气中的热量也不能够轻易放过，在进入烟囱之前也要想方设法地把它们收回来进行利用。

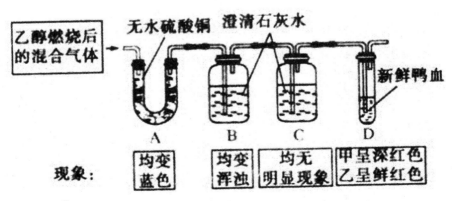

※ 甲醇工艺

目前炼油厂中加热炉的热量利用率已经可以达到 85％以上，炼油过程大多都是高温进行的，产生的产物的温度也是非常高，假如马上用水来冷凝和冷却，这些热量岂不是就白白浪费掉。如果进入生产装置的原料的温度比较低的话，需要加热才能够达到加工过程中所需要要求的温度。一方面热量是多余的，而另一方面来讲就缺少热量，如果创造条件使它们两者取长补短，那么岂不是各得其所。能够使物料之间进行热量交换的设备就叫做换热器，换热器大多的时候是由许多钢管组合而成的。

如果在钢管里面流动的是温度相对较高的产物，在钢管外面流动的是温度比较低的原料，热量就可以直接通过管壁从高温的产物传给低温的原料中，这样就可以达到节能的效果。在炼油厂里面，一个装置就有许多温度不一样的物流，它们之间的换热可以有很多方案，也就是说可以形成不同的换热网络。借助计算机的力量，可以找出其中最能够节省能量的方案。这种选择不是仅仅局限于一个生产装置的，而是可以从全厂更大的范围来考虑如何比较的经济实用。在靠近高温设备和管线的时候，人们就会感到酷热难耐，这是因为它们散发着热量，这些能量就这样白白地损失了。千万不要小看这些散失的热量，它有可能占燃料所提供能量的10%～20%。所以，对设备和管线裹上厚厚的保温层更是必不可少的。保温材料有超细玻璃棉、岩棉、矿棉、微孔硅酸钙、硅酸铝纤维等，可以根据情况来选择使用。保温层太薄就容易散热，这点大家也是容易理解的，那么保温层是不是越厚效果就越好呢？其实这是因为散热是与面积有一定关系的，在保温层增厚的时候它的散热面积也在逐渐地增大，当保温层过厚的时候，事与愿违，其散热量就会由于它的散热面积过大反而会增大。所以，保温层的厚度一定要适中。当然，关于炼油厂的节能措施不只是上述这些，除此之外还有改进工艺过程、改善操作条件、回收利用低温热量等一些问题。

▶ 知识窗

炼油厂里面有很多的加热炉，它们是甲醇以炼油厂自产的燃料气或者是重油作为燃料的。在加热炉的设计和操作过程中，也就是要使燃料燃烧得更加完全，不能让烟囱冒黑烟。对燃料燃烧释放出来的能量也要充分的进行利用，不能让它白白地损失。即使是燃烧后生成废气中的热量也不能轻易的放过，甲醇在进入烟囱之前也要设法尽可能地加以回收。目前炼油厂中加热炉的热量利用率已经可以达到85%以上。

▌拓展思考▐

1. 为什么我们要节约能量的消耗呢？
2. 你认为怎样才能节约能量的消耗？
3. 能量的消耗会导致什么弊端？

认识我们身边的石油

石

油未来的畅想

　　每一枚硬币都有两面，人们在利用石油促进了社会进步的同时，也使自身付出了沉重的代价。由于科技的进步，内燃机、汽车和飞机的发明，石油成为重要的能源。石油之间的竞争而已逐渐的现代化，目前谁拥有石油量多，谁就是世界的主宰者。

认识我们身边的石油

石油是再生资源吗

Shi You Shi Zai Sheng Zi Yuan Ma

※ 海上石油

各个不同的来源对世界上的石油储藏量的估计也有所不一样。在 2004 年的时候艾克森美孚估计世界的总储藏量为 1.26 兆（万亿）桶（1 717 亿吨），同年英国石油公司的估计为 1.148 兆桶（1 566 亿吨）。甚至是估计世界总储藏量为 3 兆桶。今天已经确定的和使用目前的技术能够经济地开采的储藏量近年来甚至是有所上涨，在 2004 年的时候数据是最高的。因为每年的开采和勘探工作的不充分，中东、东亚和南美洲的储藏量也有明显地下降，同时非洲和欧洲的储藏量也有明显地上升。有人预言今天的世界储藏量还仅能用 50 年。但是由于过去就已经有过类似的预言，而且这个预言也从来没有实现过，这个数据也被人称为"石油常数"。在 2003 年的时候最大的石油储藏位于沙特阿拉伯（2 627 亿桶）、伊朗（1 307 亿桶）和伊拉克（1 150亿桶），其后为阿联酋、科威特和委内瑞拉。

◎石油并非生物生成的矿物，地球内部可再生

有一种非生物成油的理论天文学家托马斯·戈尔德在俄罗斯石油地质学家尼古莱·库德里亚夫切夫（NikolaiKudryavtsev）的理论基础上发展的。这个理论被认为在地壳之中已经有非常多的碳，有些碳自然地以碳氢化合物的形式存在其中。碳氢化合物比岩石空隙中的水要轻些，所以沿岩石缝隙向上渗透。石油中的生物标志物是由居住在岩石中的、喜热的微生物导致的。其实和石油并没有多大关系。过去很多人认为石油是从动物

的尸体变化而来的，所以说石油是一种不可再生的有限能源。不过，根据美国在 2003 年的一项研究证明，有不少枯干的油井在经过一段时间的弃置之后，仍然可以生产出石油来。所以，石油并不是非生物生成的矿物，而是碳氢化合物在地球内部经过放射线作用之后所产生的产物。

▶ 知识窗

　　实际上油气生成的主要原因是 20 世纪地质科学中争论最为激烈的问题之一，也是一个敏感而又神秘的问题，从俄罗斯著名化学家门捷列夫开始算起，油气无机成因的假说提出已经有 100 多年了。从 20 世纪初期就开始，一批又一批的俄罗斯科学家不断地提出"石油无机生成"的理论和生成机制，其中影响比较大的有库德良采夫、克鲁泡特金、萨尔基索夫、波尔菲里也夫和波实卡雷夫等；西方则有罗宾逊、古德、阿布拉加诺、萨特马里等。

　　总结起来，石油和天然气的成因学说分为无机生成说和有机生成说两派。无机生成说则认为石油和天然气是在地下深处高温、高压条件下，由无机物合成的；有机生成说认为油气是在地质历史上由分散在沉积岩中的低等动、植物有机体，在经过一定条件下经历一些复杂的变化陆续转化为石油和天

※ 油田的枯竭

然气的，并且运移到具有圈闭条件的储层（孔隙）中去，到最后才富集成为不同类型的油气藏。

　　近几年以来遇到了一些问题，都很难用传统的石油"有机成因理论"来圆满地进行解释，就像一些地区为什么找到了大约 15 亿年前形成的石油？按照传统的石油地质与生物学理论，当时的生物量似乎并不能够满足形成石油的条件。又比如为什么在不含生物的地层中也能够找到石油呢？像加拿大阿尔伯塔省的阿塔巴斯河区和美国堪萨斯的克拉富特——普鲁斯油田，都是在没有富含生物的沉积岩层中。各种疑问有的时候也让人相信石油无机成因说是有一定道理的。而恩道尔书中还有一个为石油无机成因观点提供最为有力的证据，就是苏联科学家花费了 40 年的时间，在传统理论上不可能找到石油的地方而找到了石油。

关于石油，到底哪种理论才是正确的呢？这是不是也是某些国家制造的阴谋呢？这是一个非常复杂的问题，往往会随着科技的进步和人类长期的研究而逐步明了，或许不同区域有不同的成因才是最好的解释。恩道尔认为英美石油利益集团编织了石油枯竭的谎言，其目的就是为了能够控制石油，这样以便于利用手中的石油行使世界霸权。在这一点观点上，在还没有明确证实石油

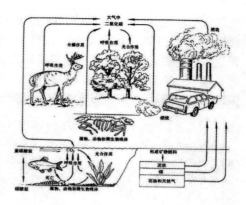

※ 温室效应

无机成因之前，还谈不上编造"石油枯竭的谎言"，但是美国欲行使霸权的野心却从一系列世界事件上逐渐地显露出来，海湾战争、伊拉克战争等事件无不与石油有联系。如果确实能够证实石油无机成因，是可以再生的，这将对我国大大的有利。我国在 2011 年的时候石油对外依存度达 56.5%，国际能源署（IEA）预测在我国 2030 年石油对外依存将达 80%，这对我国能源安全也是极为不利的，加上最近国际形势在慢慢地紧张，从伊朗进口的部分石油或者将不能后保障，因此必须一方面寻求更多的进口能源，一方面加大国内的石油勘探开发的力度。当然最终还是要立足于本国的，实现一种平时从国外进口，形势紧张的时候也能够完全自给的能源独立。假若石油无机成因论成立，那么通过新的理论或许能在国内发现更多的油田。有趣的是，我们也许还要关注另一个"编造的谎言"，全球变暖的趋势，这也是与我国发展密切相关的。

| 拓展思考 |

1. 你认为石油资源能够再生吗？
2. 石油缺乏和全球变暖有关系吗？
3. 最早发现石油的人是谁？

石油用之不尽，取之不竭

Shi You Yong Zhi Bu Jin ，Qu Zhi Bu Jie

◎石油起源的两大猜想理论

西方正统的石油起源理论认为，其石油形成的过程和煤十分相像，两者都是化石燃料。通俗地讲，煤是数百万年前经过地质变迁的时候把堆积在地面的树木埋到地下，在经过演变形成化石过程中，经过特殊环境下的物理、化学、生化的作用所形成的。石油则是由地质变迁的时候把堆积在地面的古代生物遗骸埋到地下，在演变成化石过程中，经特殊环境下的物理、化学、生化作用所形成。所以西方的小学里流行着简单化的成因说，即使煤是树木变的，石油是恐龙变的。

※ 石油的紧张

※ 煤场

其实煤的成因理论很容易就会被证实，煤是一种具有可燃性能的沉积岩，而且在煤层之中还经常发现植物化石，这些都可以证明煤是由植物体转化而成的。但是石油是由古代生物体转化而成的理论，至今也没有很好证据，所以这个石油起源的理论，实际上就是科学家们的猜想而已。虽然如此，西方地质学家把这个猜想理论则捧为圣明，只在具有沉积岩盆地的地质结构区域内去寻找石油。然而苏联地质学家并没有对这套理论有所迷信，20世纪50年代时他们就从不同角度来研究石油究竟是怎么产生的。他们得出的结论是：石油和天然气的生成与生物体并没有任何的联系，而是由地球内部物质（岩浆）中的碳氢化合物形成。在60年代之后他们又把独创的理论运用于寻找石油的实践之中，并且经过长期不懈地努力，在按照西方理论完全不可能存在石油的晶体岩基质区域，发现了很多大型的油田。

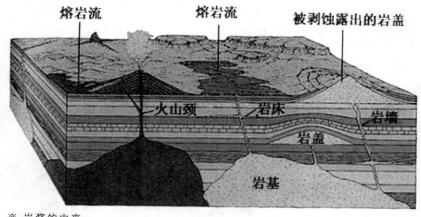

※ 岩浆的由来

这对当时还处于冷战时期，苏联的新理论和实践则是作为国家机密，当然外界知道的甚是少。当苏联解体之后，在1994年的时候美国墨西哥州召开的一次石油钻探科学会议上，苏联科学家正式向世界进行宣布他们的石油起源理论。

石油是在距地面大约200千米深处的地幔上层部位，其压力足够高的地方由地球内部物质自然生成。石油是一种化学成分非常简单的液状物质，是一种非生物体来源的碳氢化合物。由于地球内部的压力，当石油产生之后，通过地壳中的断层，开始逐渐地上升和漫延到地壳浅层地带逐渐形成油田。

总结起来，俄罗斯石油起源理论有三点特别引人注目：

（1）否定了只有在沉积岩盆地的地质结构区域内才能找到石油的正统学说；

（2）与石油资源有限论对立，俄罗斯理论认为地球内部到处充满是石油，石油供应的极限只受制于人类钻探深井的能力；

（3）石油是一种可以再生的资源，俄罗斯理论认为大部分油田经过开采之后，都能够慢慢从地壳深处获得自动的补充。因此有些人则认为已经枯竭的油田实际上是可以继续利用的，这种就被成为是"自充式"油田。

并且关于这些论述俄国人还列举了一些油井的实例，想要说明他们根据自己独创的理论，在被正统学说排除的地质区域内钻探深井，成功找到了有商业开发价值的大型油田，但是俄罗斯人并没有透露这些油井的基本位置。

在1994年的时候俄国人兴致冲冲地赶来赴会，满心以为他们拿出革命性的石油起源理论与西方同行分享，就会受到非常热烈的欢迎和讨论，但是谁找到反应竟是出奇的冷淡。西方虽然有言论的自由，但是政治不正确或者是不符合"主导理念"的观点经常会被受到软性压制，最终无法成为热点。软性压制没有行政命令强行压制那般非常难看，可是因为是通过经济手段的，效率却要高出好多倍。科学界情况也差不离，搞研究就需要大量的经费，得有赞助方，一般来讲赞助方的希望就是政治正确的方向。如果想要考虑到俄国人的理论，颠覆了西方石油大亨扶植的石油峰值理论，那么遭到与科学家们的冷遇那就不足为奇了。

当会议结束几年以后美国人才作出了先关的反应，发出密集的批驳文章。这次俄国人非常冷淡，对于批驳他们的论文无动于衷。由于俄国人不反驳，又拒绝提供1994年论文中涉及到的油井其具体的位置，于是美国人就宣称，俄国人发明的地球内部物质自然生成石油的理论，已经遭到严重抛弃。苏联是个科技大国，俄罗斯人苦心研究和实践了半个多世纪的理论怎么会如此的不堪一击？在1994年的时候，苏联刚刚解体不久，俄国就由闻名于世的大白痴叶利钦掌舵，他发扬了共产主义的精神。而等到西方开始驳斥石油生成新理论的时候，俄国已经是普京的王朝。普京非常的精明，叶利钦岂可同日而语。更重要的是，这时石油的价格与俄国人对立的石油峰值理论加持之下，步步开始攀高，俄国反而成了石油峰值论的最大受惠国了。

所以出现了这样的怪圈，如果说俄国人的理论是正确的，西方学者对此批驳，等于说是傻子一样；但是如果俄国人回应，不可避免就要否定石油峰值论，这就将傻子的角色接了过来；而如果俄国人的理论不正确的话，那么反驳还是傻子。无论这个理论是否正确，看来俄国人都是不愿意做傻子，闷声开始大发财。而西方学者则选择骄傲地宣布，石油起源于生物体理论获得了最后的胜利！不过在这个大阵势之下，西方还是存在少量不和谐的声音。具体有以下几个例子：

（1）瑞典国家石油公司曾经按照石油是地球内部物质生成的理论做了一次实验，在其境内西方地质学界都认为绝对不可能存在石油的花岗岩地质区域试探，钻井深达7 500米，并且也发现了少量的石油。

（2）有观察者指出，近十多年以来在原本认为根本就不能存在石油储藏的西伯利亚突然就冒出了许多的大油田，而且俄国人开始拼命的采油，完全不担心破坏油田，从这一迹象显示他们有不同于西方的石油勘探与开采理论。

（3）一位美国石油业工程师问到，沙特阿拉伯的一处大油田，如果把那里的石油全部进行抽走，可以填满一个长、宽、高各为 19 千米的巨大立方体，当初这个油田里要装进去多少个恐龙才能够"榨"出这许多的油呢？

其实经这位工程师的这么提醒，反而觉得有道理。他计算的那个油田储藏量也许不一定是非常准确的，但是全世界每天都在消费大量石油却是确凿的事实。我们一直在说世界人口爆炸，最近已超过 70 亿。根据美国中央情报局的估算，去年世界每天消费石油约 8 700 万桶。如果假定古动物尸体平均一具能够"榨"出或者是转化为一桶石油的话，这种抽象的平均动物的体型，显然是要比人类大得多。人类 100 天就消费掉了 87 亿桶石油，创造这些石油就需要 87 亿个大"身材"古代的动物，其数量就已经远远超出现在的世界人口数量，那古代动物的数量要"爆炸"到何种程度才能够为我们人类留下如此巨大的石油遗产？还有我们一直再说世界可以利用的资源已经到达了极限，难以养活世界上这么多人口，那么古代为什么会有无尽的资源来养活天文数字的动物？

> ▶知识窗

石油生物体（有机体）起源理论最初建立的时候，只是提到动物遗骸转化成石油。后来追随者们看到越来越多的油田被人们所发现，大约自己也感到了难圆其说，于是就加进了海藻类的生物。可是当翻阅到这个理论是如此这般作出修正的时候，肚子里马上就冒起一个疑问。恐龙大部分都只是生活在陆地上面，海藻生活在水里，是谁吃饱了撑的，把它们搬到一处，然后搅作一堆然后深埋地下呢？因为俄国人的石油起源理论也没有能得到验证，迄今为止也只能算是一个假象猜想而已。有理由相信，新兴石油消费大户中国、印度等国的地质学家们和政府，不会对石油起源两大猜想之争，只作壁上观，指点迷津的希望寄托在他们身上。

│拓展思考│

1. 在社会形势严重的今天，我们还有取之不尽的大型油田吗？
2. 石油的发现真的和火山、地震有关系吗？
3. 我国目前的石油缺乏吗？

石油的枯竭之说

Shi You De Ku Jie Zhi Shuo

我们都知道亚当和夏娃，在亚当夏娃的世界中，有动物、森林、阳光、海洋，但是没有当今世界的能源危机。是亚当斯密时代"理性经济人"的贪欲，把自白垩纪以来至少 3.6 亿万年的动物变成了目前令人类疯狂的石油，森林就变成了煤炭，而现在我们开始担忧煤炭石油是否会枯竭，寄望于能够开发新能源来摆脱对石油的依赖。美国人用乙醇来替代石油，想要摆脱汽车对石油的依赖，但是当他们加满一辆轿车的乙醇所需要的玉米，就是非洲穷国一家人一年的粮食，所以就引出了粮价暴涨把十几个国家都送进了饥荒。人类要摆脱对石油的依赖，却自导了人与车争粮食的悲剧。各国都在关注阳光、海洋和风力，这些潜在的资源也都是亚当夏娃的遗产，那么结果又如何呢？人们找到了能够把阳光转化为电能的多晶硅材料，然而大规模应用还不到五年，多晶硅的价格就翻了 15 倍，成为比石油更加稀缺的能量资源。也许人们还在幻想着风能的转换、海水的淡化、温差的发电，但是所有这些转换的技术也许都会和多晶硅转换的技术一样，只是让一种稀有能源转化为更稀有。人们总是希望亚当夏娃的"遗产"能够像动物森林那样变成石油煤炭一样，能够让我们廉价地使用几亿年来积累的资源，享受目前的生活方式，但是也常常忘记亚当斯密的"稀缺性"定理：因为欲望无穷，资源才有限！换句话说，亚当夏娃和亚当斯密两个时代的差别不是资源的有限性，而是欲望的无限性。为了能够约束人类的无限消费欲望，亚当斯密发现了那只"看不见的手"，用价格来调节供应的要求，才能够化无限为有限，化腐朽为一种传奇。

当今石油价格的暴涨才是世界各种能源的重头危机，有人乐观地预期油价将会大幅度地回落，有的人则是热情地推销各种新能源的梦想，但是却没有想到一个简单的推论：油价暴涨是亚当夏娃开始申报的"专利"。阳光、海洋、风力和温差也都是亚当夏娃时代的资源，都不能够再被廉价地使用。那么，我们不禁要问，哪一种能源不是亚当夏娃时代的资源呢？答案是：核能！令人生畏的核能！在亚当夏娃的伊甸园里，我们看不到核能的身影。只是从广岛长崎的原子弹爆炸的开始，核电的开发才逐渐地进入了高速增长时期。这种疯狂开发的状态虽然因为 1979 年美国的"三里岛事件"和 1986 年的前苏联"切尔诺贝利事件"而一度减速，但是 2000 年以来却开始再次升温。

> 截至 2007 年 10 月的时候，全球核电装机量为 439 台，总装机容量达 3.7 亿千瓦，占全球年发电量的 17%，核电已经和火电、水电一起成为全球电力的三大支柱。以核电占总发电量的比例来排名的话，法国则居首位，高达 78%；韩国次之，达 38%；日本第三，占 30%；英国、美国和俄罗斯的核电占比分别为 24%、19.4% 和 17%，我国目前的核电占比为 1.8%。我们再看一些国家已经确定的核电开发计划：美国计划到 2020 年新增核发电能力 5 000 万千瓦，俄罗斯计划到 2020 年将核电占比从目前的 17% 提高到 25%，印度计划到 2030 年从目前的 348 万千瓦达到 5 000 万千瓦，日本计划到 2030 年将核电使用占比提高到 40%，韩国似乎是要赶超法国，计划要在 2035 年达到核电占比 65%！

让我们走出亚当夏娃的伊甸园，通过新能源的热烈讨论，我们看到的是人类正在悄悄走向核能，走向令人恐惧的"原子弹"。从目前核能开发的技术水平上来看，人类已经具备了和平使用核能的足够能力，但是如果从当今国际政治的格局来看的话，人类正在面对恐怖主义的国际化。从当今世界来看，军事和经济的手段已经开始逐渐地落伍，各国都多已经达到"自古知兵不用武"的层次。全球化进程中的两极分化开始逐渐地明显，致使富人的国际政治开始变为金融，穷人的国际政治变为恐怖，金融危机和恐怖主义对人类的威胁正在逐步升温。从这个角度来观看，在技术上即使是已经达到绝对安全的核电能力，如此又如何避免成为恐怖袭击的目标呢？有朝一日，如果在每一个国际金融重镇的身边，都有一颗随时可能被恐怖分子引爆的"核弹"，如此令人望而生畏，不寒而栗！人们一直在追求的刚开始依赖石油的伊甸园，究竟是天堂，还是恐怖的地狱呢？那么还是让我们回到石油吧，难道石油真的会枯竭吗？不会！亚当夏娃的遗产有几亿年的积累，人类对石油的开发能力还仅仅触及表层。真正的现实就是：石油不在属于廉价的原料，当前的能源危机并非石油枯竭的危机，而是用廉价石油为原料生产大众消费品的危机。20 世纪 70 年代的时候，当油价从 1.35 美元起步并且在几年之内就升到了 19 美元的时候，曾经有专家预测说过，油价如果上升到 40 美元之上，那么世界经济就会开始崩溃。而今天，油价一度高达 147 美元，世界不是依然完好地存在吗？70 年代的石油危机启动了一轮石油勘探和开发热潮，然而此后的几十年，全球的石油勘探和开发并没有取得重大进展，人们不得不在两位数的油价水平上讨价还价，已经放弃了勘探开发的努力。

目前，我们已经进入了三位数油价的时代，价格调节供求的"无形之手"将再次启动新一轮石油勘探和开发的热潮，预期供给将会逐渐地上升。同时，把石油作为奢侈品原料的"传统智慧"也将会再次启迪人们对消费欲望的无限约束，预期需求将会开始下降。这是人类生活方式的又一次深刻的变革，也将是全球资源储备的再一次进行结构调整。作为亚当夏娃的子孙，过度放纵的欲望必然带来相对有限的稀缺。这样看来，我们还是让市场来约束消费欲望，让价格来刺激资源供给，在生活方式的变革中寻找化解能源危机之道吧！

※ 油荒恐惧

马克思当年曾经预测过，在世界大同之日人们都会用黄金来做厕所，但是这个预言并没有实现，目前黄金已经是稀缺资源。同样的，人们也不会用钻石来做窗户。在石油升级为奢侈品的今天，我们就不应该用石油来满足大众的消费，再用税收和企业的利润来补贴消费者。如果说油价暴涨是人类理智的呼唤，那么经济危机就应该是改变生活方式的另一个开端。

拓展思考

1. 乙醇真的能够代替石油吗？

2. 用乙醇来代替石油多少人能够负担得起？

3. 为什么说拥有石油就拥有世界？

认识我们身边的石油

石油本身的秘密

Shi You Ben Shen De Mi Mi

石油资源到底是有限的还是无限的，这个问题一直充满了争议。但是，却没有人知道它到底有限到何种程度，这也是事实，并且试图想要估算它们的数量是一件非常困难的事。

与很多人的想法有所不一样，石油并不是储藏在巨大的地下湖或者是地下洞穴里面，如果真的如大家所想的那样，石油的估算将会很简单。但是不幸的是，它存在于地下多孔的岩石里（油藏），有的时候藏身的空间却非常小，以至于人们根本就看不到它们。在这种地层储存的情况下，石油通常都和天然气、水在一起，这三种元素根据油藏的地质特征而自行的组合：气在上面，石油在中间（有时气也会溶于石油中），水则在最下面。

并且值得注意的就是，石油拥有其独特的有机成因说则面临着严峻地挑战，一直到今天为止，科学界仍然没有普遍将其视为绝对的真理。从20世纪50年代以来，苏联地质学界支持石油无机成因说，或者是换句话

※ 海上石油开采

来说，即使没有活的有机物来帮助，石油也可以在我们星球的地壳深处逐渐形成。深层非生物或者无生命成因的理论，这样充满魅力的反传统观点带领着人们找到了非沉淀性油田，并且地下晶体岩层也存在碳氢化合物。一般传统的地质学者对该理论知识嗤之以鼻，并且是拒不接受，还说无机盆地存在的石油是从其他岩层流过来的。但是，我们星球上很多地方甚至是北极（那里不管是以往还是现在都不存在生命的痕迹）都能够发现甲烷（天然气中最重要的成分），这是支持该理论的另一个迹象。甲烷就像石油一般，是一种碳氢化合物，而且在多数情况下都与石油混合在同一个油藏之中，所以假定石油可能是类似无机形成的，看起来非常合情合理。另外，传统科学家们以同位素组成为理由与该观点进行强烈的争辩，并且认为地球上碳氢化合物的同位素构成与有机元素的同位素构成是一致的，并且比无机产生的甲烷要低得多些。

然而，2004 年一群杰出的美国科学家（他们中有诺贝尔奖得主，哈佛大学的德利·赫施巴赫）就得出了一个新的证据，并且能够证明苏联学派的理论有一定的事实基础。用联合组长拉赛尔·赫姆利的话来说，他和他的同事所进行的试验证明"在地壳很深的地方，可能存在碳氢化合物的无机源头——其实也就是说，碳氢化合物很可能源于水和岩石的最简单的反应中，而且并不仅仅来自于活的有机物的分解"。

其实不管这个令人烦恼的研究在将来究竟会怎样，一直到今天为止，地质学、地球物理学和勘探实践都表明地表下面可能存在一个"油窗"，它大概是位于地下 500 米和 7 500 米之处。并且这个深度与地质学时代也是相当吻合的，从"最年轻的"更新世开始，接着的就是上新世、中新世、渐新世、白垩纪，到"最古的"侏罗纪结束了（原油地层术语），平均的石油生成深度一般都会随着年代的增长而开始加深的，尽管大量的石油油藏（到目前为止）都处在这些地质构造的中间地带。但是不管怎样来讲，只有油窗的压力和温度才允许"有机"石油的存在。而在那个深度之下，温度很可能会超过 200℃，或者就是说超过 400℃，一般来说，每下降 1 000 米的话，温度就会大约上升 30℃，这也是一条类似于通往地狱的道路（也有很多关于温度不会随着深度增加而线性上升的论据，也就是越深的岩层温度越低）。当然这也就说目前为止还没有人能说明我们星球的深处到底存在什么。如果一旦钻到了油藏，那么机会发生一种类似于香槟被拔掉瓶塞的现象。天然气和水所形成的油藏的内部压力就突然从上岩石盖中猛然间全部释放出来，所以它里面的碳氢化合物也会像洪流般不断地冲向地表上面。

当然除了内部压力和技术之外，其他一些客观因素也会影响到石油开采的难易程度，就如今有油藏岩石的孔隙率、产层厚度，以及每个岩层内部的水饱和度。而今天，世界平均石油开采率是估计的原油地质储量的35%，那么这也就意味着只能够把 100 桶中的 35 桶带到地面上来。随着统计数据的不断出现，可以发现这些数字目前存在着巨大的差异。例如，在波斯湾的很多国家和俄罗斯联邦，开采率还不足 20%；但是相反，在美国和北海（那儿先进的技术被私营公司广泛地采用），这个指标可能超过 50%。

当然在钻井之前的时候，对该地区找到石油和天然气的可能性进行评估当然是必要的事件，而且这也并不简单。在该产业早期的时候，没有什么准备就盲目钻井者们都依靠几乎让人想也想不到的方法来对石油进行定位，例如预言、探矿者、灵媒、嗅觉，以及为世间不可能存在的机器的发明家们。其他人则集中在公墓附近来进行顺序的操作，因为很多公墓都处于小山顶上面，而小山顶正是很有可能会发现石油的地方。直到 20 世纪 20 年代的时候，建立在地球物理学基础之上的地下分析，以及很多从根本上改变石油探寻的工具，才开始被广泛地应用于开采中。

从今天的局面来看，关于目前发现碳氢化合物油藏存在的可能性的最先进方法就是三维或者是四维地震（3-D 或 4-D 地震）的勘探，这种方法的首次商业运用是出现在 20 世纪 70 年代的时候。由于这项技术的不断发展，目前已经可以收集很多的地下数据。并且通过复杂的计算机来模拟软件，而这些有力的数据就可以描绘出一个油藏的三维图像，并且通过四维地震可以估算出其生产时候的动态质量和状况等等。然而，3D 地震能够提供的仅仅是一种合理的提示，而不能真的确定是否存在石油以及石油的可开采性。它对石油开发最重要的贡献是尽可能准确地来指导石油的开采。只有勘探井和评价井，以及那些帮助我们了解地下岩石内在特性以及其碳氢化合物储量的研究，例如专家钻井日记、核心样本以及其他这类东西，才能够确定石油的存在性质。但是，对于拥有可以开采石油和天然气的油田的准确范围，纵然使经过几年甚至是几十年不间断地对地球物理学分析和以往数不清的钻探，我们目前还是没有十足的把握。一个油藏可能有几十甚至是几百平方公里那么大，同时，也可能会是最初没有想到的纵向延伸也有可能。所以，在开采和生产的头几年里面，油田所含碳氢化合物资源的估算也是不完全的、保守的。

所有这些就说明了一个基本的概念：对于已经发现石油资源的了解并不是一种静态的，而是随着对油田科学认识的增加而不断深入研究的。这也就可以解释为什么资源会随着时间的推移（随着认识的深入）和动态的不断进步的测量方法的应用而增加的原因。所以换句话来讲，它们并不是一种绝对的真理。

　　著名经济学家莫里斯·阿代尔曼用一个简单的例子阐述道：在 1899 年的时候加利福尼亚的克恩河油田被发现。在 1942 年的时候，也就是枯竭 43 年之后，"残存"的储存量是 5 400 万桶。但是在接下来的 44 年之间，它产出的不是 5 400 万桶，而是 73.6 亿桶，而到 1986 年的时候仍然有 97 亿桶"残留"。油田还是这个油田，但是认识却在一直进步。

　　另一个很好的例子是挪威的特罗尔油田，就像国际能源机构所说的那样：特罗尔最初是天然气田，其中所含的石油储存藏层薄，并且难以进行抽取。在经过一段时间之后，这里的所有石油都被认为是没有可以开采的价值。但是各种技术不断地进步使得该油田的储量在 1990～2002 年之间就翻了五番左右。在这一段时间的可以开采率也就明显提高到了 70%。

　　并且一些石油相关的文献中所报到的很多例子之中就有两个突出这种石油储存量固有的动态特制。

　　而苏联时代开始的时候，关于卡沙干所处地区（哈萨克北海大陆架）的地质评估就存在了，但是它们只能表明大量碳氢化合物储量的可能性。当卡沙干的两次开采和两口评价井在 2002 年完成之后，官方可以生产储存量就增加到了 70 亿甚至是 90 亿桶。在 2004 年的时候，当该地区的另外四处勘探井完工之后，估计值就开始再次的提高，已经增加到了 130 亿桶。而这仅仅只是一个简单的开始，因为这个地区的跨幅是 5 500 平方公里，相当于是特拉华州的面积，6 口勘探井也只能极其有限地来反映出这个地区将来的潜力能力。

　　从今天来看，所有资料都将预测，世界上探明石油储存量在 1.1～1.2 兆桶之间。而单从地理学角度来观看，它们则是高度集中的。近 65% 都集中在波斯湾地区的五个国家中：沙特阿拉伯、伊拉克、科威特、阿联酋和伊朗。在海湾地区之外，只有委内瑞拉和俄罗斯联邦拥有比较肥厚的探明储量。从 2005 年之后，石油消耗量机超过了 300 亿桶，或者说是，每天石油的消耗量都超过了 8 300 万桶，现有的储量和消费之间形成的比例表明探明石油储备的寿命指数也就只有 38 年。

　　而悲观者则认为，这个预测具有一定的误导性，因为将来的需求会比现在社会的需求更大，所以更应该缩短当前储量的实际寿命指数。这个论断本身也具有一定的缺陷，因为它假定只有消费增长，而储量和资源是永远不变的。正如我们将会看到的一样，这并不对，因为以长期者的角度来看，这一等式的两边都是变化的。

目前根据美国的地质调查显示，在 1996 年的时候，世界拥有超过 2.3 兆桶的剩余可以开采的石油资源。这个数字包括 8 910 亿桶的现有储量估计（"储量剩余"，其定义类似于"探明储量"）和将来可能会出现的增量。将来可能出现的增量分为两类：7320 亿桶"未被发现的常规石油"（有待于被发现的石油），以及 6880 亿桶"储量增长"。储存量增长具体指，根据对现有油田更深入认识而估算出来的增加量。总体来讲，这份调查把世界原油固定在 7 兆桶左右，那么我们就必须从中减去 7100 亿桶我们已经消耗掉的石油（"累计产量"），并且再次强调的是，这些数字都仅仅是估计而已，它们都会随着时间的推移，因为多种原因的变化而变化。

拓展思考

1. 大量地开采石油会给大自然带来了什么样的灾害？
2. 气候的改变和大量开采石油有关吗？
3. 有哪些著名的油田？

认识我们身边的石油